科学新知系列

可怕的科学
HORRIBLE SCIENCE

RIOTOUS ROBOTS

街上流行机器人

[英] 迈克·高德史密斯/原著 [英] 迈克·菲利普斯/绘 阎庚/译

北京出版集团
北京少年儿童出版社

著作权合同登记号

图字:01-2009-4312

Text copyright © Mike Goldsmith

Illustrations copyright © Mike Phillips

Cover illustration © Dave Smith，2009

Cover illustration reproduced by permission of Scholastic Ltd.

图书在版编目(CIP)数据

街上流行机器人 /（英）高德史密斯（Goldsmith，M.）原著；（英）菲利普斯（Phillips，M.）绘；阎庚译 . —2版 . — 北京：北京少年儿童出版社，2010.1（2024.7重印）

（可怕的科学·科学新知系列）

ISBN 978-7-5301-2386-7

Ⅰ.①街⋯　Ⅱ.①高⋯　②菲⋯　③阎⋯　Ⅲ.①机器人—少年读物　Ⅳ.TP242-49

中国版本图书馆 CIP 数据核字（2009）第 195955 号

可怕的科学·科学新知系列

街上流行机器人

JIESHANG LIUXING JIQIREN

［英］迈克·高德史密斯　原著

［英］迈克·菲利普斯　绘

阎　庚　译

*

北 京 出 版 集 团

北 京 少 年 儿 童 出 版 社 　出版

（北京北三环中路6号）

邮政编码:100120

网　　　址：www . bph . com . cn

北 京 少 年 儿 童 出 版 社 发 行

新 华 书 店 经 销

三河市天润建兴印务有限公司印刷

*

787 毫米×1092 毫米　16 开本　10.75 印张　60 千字

2010 年 7 月第 2 版　2024 年 7 月第 45 次印刷

ISBN 978 - 7 - 5301 - 2386 - 7/N · 174

定价：25.00 元

如有印装质量问题，由本社负责调换

质量监督电话：010 - 58572171

说 明

每个人都或多或少地知道机器人大概是个什么样子。在人们的心目中，机器人可能是这样的：

也可能是这样恐怖的一副嘴脸：

事实真是如此吗？不少人都曾经在电影中看到过这样的场面：机器人疯狂地屠杀人类，见一个杀一个，最后它们主宰了这

1

个世界。不过，在目前的现实生活中，真正的机器人并不像电影中描绘得那么可怕，尽管当它们工作着的时候，要是你老在它周围瞎溜达确实会有些危险，但它们肯定不会把我们人类都杀死，绝对不会。

如果受电影和小说的影响太深，人们很容易错误地认为，机器人真是太爱惹是生非了。而事实上却不是那么回事。尽管当今很多的机器人研究专家都深受科幻小说的影响（下一章我们会详细讲述），但由他们亲手制造出来的机器人却与小说中描写的机器人大相径庭。比如说，小说中的机器人举手投足都能够像人一样，并且从外表的穿着打扮到内心的喜怒哀乐都与人类极为相似，可以做很多人类做的事情，而目前的机器人则通常被设计成只专门从事某一项工作，如：从事汽车制造、火星探险等，这也就是为什么现在的机器人从外形上看起来不像人类的原因。因为人类的身体已经进化得可以独立地做好很多的事情，能够处理大量的、复杂的事情，而机器人则不同，它们只是被设计成能完美地从事某几种工作，也就是说，它们只能做有限的几类事。真正的机器人的内部构造非常复杂，这使它们干活干得比人要完美得多。本书将向你展示各种各样的机器人，你将会看到它们所做的以下事情：

▶ 用长在一只细长胳膊上的只有3个手指的手捉鼻涕虫。

▶ 用快凝塑料喷剂改变形状。

▶ 携带钉子和刀子在人的身体里漫游。
▶ 用层叠式电气元件处理极复杂的事情。

　　继续读下去，自己去判断一下，让人类主宰所有的机器人或是让机器人统治这个世界，将会是怎样的情形……

真正的机器人

那么"机器人是危险分子"这种观念到底是从何而来的呢？其实这全都是误解。

恐怖故事

人类早在16世纪开始就有关于人造怪物的传说，到1818年，玛丽·雪莉写了一篇到目前为止最为著名的人造怪物故事：《科学怪人》（又叫《弗兰肯斯坦》）。这个故事的主人公怪人是由坟墓中的东西制作而来的，它刚开始对人类都特别友善，直到后来它发现自己骇人的外貌不为人们所接受后，就变成了一个杀人狂。

科学怪人——弗兰肯斯坦这个人物在当时并没有名字的，既不叫机器人也不叫"机器猫"、智能人什么的，直到20世纪，机器人这个称呼才出现。1920年，一位名叫卡尔·查别克的捷克

斯洛伐克作家写了一部戏剧《罗森的万能机器人》，讲的是一个人工智能生物——机器人统治了世界。剧中这个机器人的名字来自捷克语，意思是"低级劳工"。在这部戏中，机器人在剧情的开始阶段都很守规矩，它们在自己低级的工作岗位上高效地工作着，而人类则成天吃喝玩乐。不幸的是，剧中有一个人赋予了机器人以人类的情感，随后，机器人就开始暴动，最后开始屠杀人类，它们对所有的人大开杀戒，包括那些制造机器人的人，只可怜这些机器人的制造者在制造机器人时疏忽了一点——他们没料到自己的杰作会对自己痛下杀手。

到了20世纪40年代，一位名叫伊萨克·阿西莫夫的作家写了很多关于人形机器人的短篇小说。为了让故事中的机器人更加符合实际，也为了避免在书中出现更多的伤害事件，他在小说中给机器人制定了一整套规则。他虚构的机器人研究专家在机器人身体中置入了这些规则，以便可以更好地控制它们。阿西莫夫把这些规则叫作"机器人规则"，并且在1942年出版的《逃避》一书中首次将这些"机器人规则"用文字表达出来，它规定机器人必须做到：

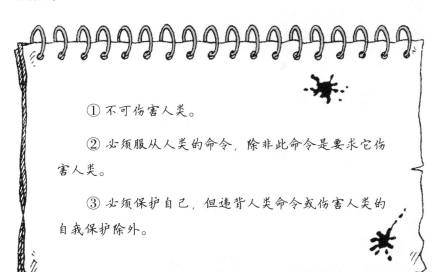

① 不可伤害人类。

② 必须服从人类的命令，除非此命令是要求它伤害人类。

③ 必须保护自己，但违背人类命令或伤害人类的自我保护除外。

真正的机器人研究专家都认为，在高级机器人能够与人类互动之前，在它们体内置入这些规则是十分必要的。

对于是否应该给机器人制定规则，也存在着许多争论，就像不同的书中对机器人下的定义也不尽相同一样。不过，大多数机器人研究专家都赞同以下这种定义：

机器人

一种能够采用与人类相似的方式完成任务的机器。

不过这个定义也会带来一些混乱，因为按照这种定义，一些比较简单的机器有时也可以被称作机器人。不过没关系，这种东西虽然不是人们所说的机器人，但是我们在本书也会做一些讲解。

6

五花八门的机器怪物

目前，机器人的种类有很多，而类似机器人的东西的种类也不少，当然，有些还只是概念性的，并没有真正地生产出来。在你陷入这本奇书无法自拔之前，你应该了解一下几种主要类型的机器人，下面就是这几种主要类型的机器人的名单。

1. 自动装置

自动机通常有发条装置，它们被设计成从外观到动作都像活人一样。这种装置已经有好几千年的历史了，它们几乎不具备现代机器人所具有的灵活性——它们精确地用同一种方式反复来做很少的几件事（如倒酒和鞠躬），虽然看上去似乎有点智能，但是实际上并不是那么回事。

这个服务员真够傻帽儿的！

滴答！

滴答！

滴答！

自动装置可以被看作是最早的机器人装置，但它们那时只是作为供人们娱乐的工具，而不像现代的机器人，是被用来真正地承担一系列重要工作的。

2. 玩偶机器人

玩偶机器人是一种遥控机器。离开了人的控制，这些家伙什么也干不了——它们就是一些没有大脑、但能够移动的躯壳，就像是行尸走肉，不过少了那些令人恶心的腐尸味。电视剧《机器人战争》里的机器人就属于这种类型，它们一般多是采用无线遥控的，也有一些是通过电缆与控制者相连接的。玩偶机器人有时又被叫作"主从操作机"或者是"远距离操纵手"。

3. 遥控遥感机器人（T-bots）*

遥控遥感机器人是一种高级玩偶机器人，遥控遥感系统使得人们可以通过机器人的眼睛"看"东西，有时甚至能够听到机器人接收到的声音，感觉到机器人所触摸到的东西。

将来，远程遥控遥感系统将会十分先进，能够使操作者感觉

★ T-bots 有时候称为替身或假人。

到就像自己置身现场一样——虽然机器人和操作者可能实际上相隔几千千米。比如说，它们可以让人们身临其境般地"登"上危险的星球（如金星）或是遥远的星球（如冥王星）。

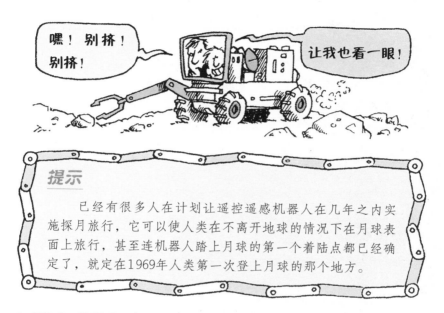

提示

　　已经有很多人在计划让遥控遥感机器人在几年之内实施探月旅行，它可以使人类在不离开地球的情况下在月球表面上旅行，甚至连机器人踏上月球的第一个着陆点都已经确定了，就定在1969年人类第一次登上月球的那个地方。

4. 混合式机器人

　　这种机器人有时候是遥控机器人，有时候也能够转换成自控机器人。

有一些新型空中间谍机器人就是这样的：它们大部分时间都是自主控制在空中飞行，观察着地面上的一切，但是如果它们遇到了自己不能解决的问题——如火灾，人类就会接掌控制权。

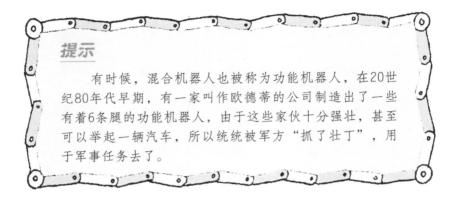

提示

　　有时候，混合机器人也被称为功能机器人，在20世纪80年代早期，有一家叫作欧德蒂的公司制造出了一些有着6条腿的功能机器人，由于这些家伙十分强壮，甚至可以举起一辆汽车，所以统统被军方"抓了壮丁"，用于军事任务去了。

5. 仿生机器人

　　它是介于自动装置和玩偶机器人之间的一种机器人，一般是仿照动物和人们幻想中的怪物做成的，就像电影《侏罗纪公园》里的恐龙，又像伦敦自然历史博物馆里的那些一边移动、一边怒吼而且浑身散发着臭气的★恐龙。

　　★ 确实是真的。你自己亲自去那里闻一闻就知道了。

6. 电子人

电子人是一种介于动物（或人）和机器人之间的家伙，它实际上是在活体上安装了很多机器部件。虽然真正意义上的电子人目前还没有问世，但凯文·沃威克教授已经把自己变成了一个初级电子人。他在自己体内植入了一套电子装置，有了这套装置，他就可以随时随地同计算机交换信息，比如，只要他走到办公室的门口，电动门就会自动打开。

其实，某些装有高级假肢的人也可以算是一种较为低级的电子人。

7. 人形自动机

最初，人形自动机的意思是一种高级机器人，它没有齿轮和电子装置，是用化学方法生成的。《罗森的万能机器人》一书中的机器人就是这种人形自动机，但在目前的现实生活中还没有这种机器人。现在，"人形自动机"这个词被用来指任何一种外观形状像人的机器人，而不管它是否有齿轮或电子装置什么的。目前，已经有一些处于研究阶段的人形机器人了，它们从外观上看起来很像人，不过还不能像真人那样行动自如。

11

机器人比人更灵巧吗?

人们之所以要发明机器人,是基于以下两个主要原因:

1. 因为人们喜欢发明、摆弄一些令人惊奇的小器械。

2. 有了机器人,人类就可以不用再亲自去干那些烦人的或是危险的工作了。

所以,机器人常常被用去干一些人类不感兴趣的工作,如修剪草坪、处理炸弹等。机器人特别适合和擅长干这种事,这是因为:

▶ 它们从不会感到厌倦。

▶ 它们从不介意干危险的事。

▶ 它们的动作比人类更精确。

▶ 它们比人类更有劲。

▶ 它们从来不会忘记命令和工作程序。

▶ 它们拥有令人难以置信的稳定的手,特别适合于做像脑部手术这样精细的事(见第145页)。

▶ 它们可以整夜不睡觉(即使在不参加聚会时也这样,而实际上它们从不参加聚会)。

▶ 它们一贯任劳任怨,人们让它做什么它就做什么(至少到目前为止是这样的)。

不过,在约会这些令人称奇的机械装置之前,还是让我们先看一看它们的起源吧。

机器人发展简史

机器人的历史其实相当久远，它们可绝不是近几年才出现的新玩意儿。它们的祖先应该是古希腊工程人员在几千年以前就发明出来的一些会移动的雕像和利用蒸汽驱动的模型，其中一个最早被人叫做机器人的东西是由一位画家发明的，之所以称他为画家而不是科学家，是因为他作为画家的名气比他作为科学家的名气要大得多。

1499年　莱昂纳多·达·芬奇曾经设计了一个自动狮子，这个狮子自动走到法国皇帝面前并向皇帝敬献了鲜花，把皇帝吓了一大跳。达·芬奇还设计了一个机器武士，它能够立正和挥动胳膊。

18世纪30年代　法国工程师雅克·德·弗肯森制造了一只自动鸭子，它能够拍翅膀、嘎嘎叫，能够吃食甚至还能够上厕所。他还制造了一个会换气的长笛吹奏者，一个比人类演奏速度要快得多的风笛吹奏者。你知道吗？光是自动鸭子的一只翅膀就

有400多个可拆卸的部件。

18世纪70年代 瑞士发明家皮埃尔·杰魁卓制造了"斯克里布","斯克里布"能够坐在桌子边,把羽毛笔浸在墨水瓶中,按照事先编写好的程序写东西(只要不超过40个字母就行)。这位发明家还制造了一个机械艺术家和一个机械音乐家。

1788年 英国发明家詹姆斯·瓦特把最早的一个自动控制机构(它名叫统治者)装在蒸汽机上,这个机构能够自动调节蒸汽机的运转速度,使蒸汽机不会因运转速度过快而爆炸,这一过程被称为反馈(这是一道工序,详见第47页)。像这样的反馈机械装置很快就可以被机器人用来做各种事情。

1893年 乔治·摩尔发明了一种以蒸汽驱动的行走机器人,它的行走速度是人的3倍。它用了一根金属雪茄烟来巧妙地处理释放出的蒸汽,使得冒出的蒸汽看上去就像是雪

14

茄冒出的烟。

1906年 一个真人大小的电动玩偶被人带到伦敦的大街上散步，它有一双明亮的眼睛，使人误以为它是个真人，所以它的主人不得不时常拿下它的头，以证明它确实是个机器人。围观的人太多导致交通中断，于是，这个机器人连同它的主人都被捕了——这是机器人在历史上的第一次被捕。

1908年 第一台会自动做家务活儿的电动机器——洗衣机问世了，这就是家用机器人的祖先。

1920年 机器人有了自己正式的名字，也得到了"凶恶怪物"的名号，这两者同时出现在一部叫作《罗森的万能机器人》的戏剧里。

1926年 一个令人惊奇的虚构机器人出现在电影《大都市》中，这是一部反映未来高科技城市的电影，里面的机器人能够变形，特别让人讨厌。

20世纪30年代 一些简单的（但是更大、更漂亮的）机器人在展览会上已经很常见了，它们能够做一些诸如站起来、坐下去、走上一两步以

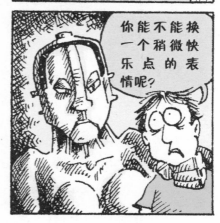

及抽烟之类的事。它们一般被叫作阿尔法或是埃里克什么的（这些名字在20世纪30年代是很新潮的），它们一般都具有人的形状和大嗓门。其中一些机器人具有攻击性，比较危险。机器人伊莱克托能够跳舞，数数字能数到10，会抽烟，并且不忘夸耀自己及其他机器人的生产商——美国西屋电气公司。伊莱克托跳舞时有一只名叫斯巴科的小机器狗和它做伴，这个小狗能够用后腿站立起来并汪汪叫。

20世纪40年代　世界上第一台电子计算机问世。这台计算机像一辆公共汽车那么大，并且不太聪明。一台名为伊尼亚克的计算机重达30吨，但是它的计算能力却只相当于今天一个6平方毫米的芯片。第一批用于高危作业的机器人在核工业中得到运用，它们是遥控机械手（又叫主从操作机或瓦多士）。

16

1942年 伊萨克·阿西莫夫给机器人制定了一些规则，以确保机器人不威胁人类。

20世纪50年代 出现了很多以机器人为题材的电影和故事，如《禁星之旅》《外太空来的僵尸》以及《地球停转之日》，里面的机器人大多是智能型的，具有人的外形，并且没有遵守伊萨克·阿西莫夫所制定的规则，真不幸。

1961年 世界上第一个现代机器人"尤尼麦特"重约1800千克，幸好，它并不伤害任何人，只是本分地在工厂里做一些重复性的工作。

1963年 电视频道中出现机器人杀人的场面。著名的机器人达勒克斯也开始在英国的电视剧《神秘博士》中露面，这是英国最长的一部科幻电视连续剧。

1964年 世界上第一个能够走动的机器人问世，它被称做"野兽"，成天在美国约翰·霍普金斯大学的走廊里走

来走去，寻找猎物。幸好，这个机器人只吃电：当它发现一个电源插座时就会把自己接上去充电，这样就能够保证它有足够的能量继续走来走去了。

1966年　第一个单用途家用机器人上市出售，它的芳名叫"阿花皇后"。此后，有很多机器人被生产出来专门从事某一项工作，如清洗私人游泳池等。这些机器人由于功能单一，表现自然出众。

1968年　生产出了一个叫作莎琪的机器人，它有一双很原始的"眼睛"，有触觉，能够移动，可以推箱子（它还不能搬箱子，因为它没有胳膊，而且即使有胳膊，它也没有足够的"智慧"去指挥胳膊）。莎琪有两个大脑：一个自己随身携带，另一个置于身外，通过无线电与身上的那个大脑保持联系。它之所以没能把另一个大脑也带在身上，是因为那个大脑实在太大了——足有一个起居室那么大。

20世纪70年代 微型芯片得到发展，这就意味着计算机可以小到能够安装在机器人身上了。机器人空间探测器开始应用于太阳系外的太空探险。

1976年 两个"海盗"机器人登上火星表面去寻找火星人，像莎琪一样，它们也有两个大脑。

1977年 影片《星球大战》中出现了两个著名的科幻机器人R2D2和C3P0，它们对人类都十分友好。

1978年 美国联合美神公司制造出多功能工业机器人PUMA（即可编程通用装配机）。

20世纪80年代 仿生类机器问世，并且在电影中得到应用。这期间生产出很多机器人，但是由于世界经济萧条，导致机器人销量大幅下降，很多机器人公司因此破产。

20世纪90年代 机器人的生产和销售都开始复苏，

19

机器人开始成批地得到应用，有些机器人已经具有人工智能。无人飞机和导弹在海湾战争中得到应用，而且，机器人开始给人做脑部手术了。

1993年 罗德·布鲁克斯开始制造科格机器人，这是一种人工智能机器人，它被设计成能像婴儿一样可以通过与人的互动、观察和触摸物体来学习知识。

1996年 经过10年的秘密研究，本田公司的人形机器人终于揭开了面纱，这就是P2（后来发展成P3，再后来成为阿西莫）。这是世界上最先进的（也是最昂贵的）机器人，能够爬楼梯、开门，甚至与人握手。

1997年 一个叫做"深蓝"的会下国际象棋的智能机器击败了世界上最出色的国际象棋大师。同时，一个叫作"索杰纳"的机器人开始到火星上探险，它能

够自主移动，而不需要人向它发出指令。

1999年　机器宠物"爱波"开始销售，它价格昂贵，但很流行。

2002年

▶　日本制造出一种能够翻跟斗的机械海星，它是用一种胶状的塑料制成的，给它施加一个轻微的电击就能够使它移动。

▶　一种声音特别逼真的机器人语音系统被开发出来，它具有人工肺、塑料喉和橡胶声带，而不是一个简单的扬声器。

▶　一种像狗一样大小的、采用太阳能电池供电的机器人记者问世，它能够在战场或其他一些危险地带进行采访和进行拍摄。

2003年　第七届机器人世界杯足球赛举行。

与机器人嬉戏

　　你是否收到过这样的礼物：一只会叫的机器狗或一只会随着圣诞歌声摇动鼻子的机器猪？如果你收到过，那可要恭喜你了，你应该为自己拥有世界上最早的机器人——自动机械的后代而感到骄傲。

　　自动机械是最简单的机器人形式，一些很初级的自动机械早在几千年前就已经存在。它们不会对周围的事物做出什么反应，只是机械地重复一套动作，这也就决定了它们的用处不大。但是这种机器人很有趣：在15世纪90年代，莱昂纳多·达·芬奇当时正在设计和制造一些像武士一样的自动机械，它们能够走路，有些像美国著名卡通片《未来速递员》里的斑德，能够打开胸膛让人看个究竟（你知道它的身体里有什么吗？让人觉得诧异的是，里面竟然是花朵）。

　　在接下来的几个世纪里，工匠们制造出了很多自动机械供富人们娱乐，这种情形一直持续到18世纪。那时，在宫廷里拥有几个机器人，是每个皇室炫耀其财富和权力的资本。这些机器人被用于演奏乐器、跳舞，看起来非常时尚。它们通常都穿着很时髦的服装，而不像其他种类的机器人那样经常都是全裸体的。（这个字眼很不雅，是吗？）

能够回答问题的玩具娃娃

到了19世纪，即使是不富有的人也买得起带有发条装置的自动机器人，比如有一种非常便宜的模仿小孩爬行的爬行玩偶在19世纪70年代就特别流行。曾经因发明灯泡（实际上并不是他发明的，不过，这是题外话）而闻名全球的托马斯·爱迪生也发明了一个不会走路的机器人玩具。在真正属于爱迪生的众多伟大发明里边，有一个东西叫作留声机，这个东西是录音机的祖先（当然也是CD机的祖先了）。一部留声机里有一个带针的金属或石蜡圆筒。这个针被设计成可以附在另一个可以旋转的薄金属片上，当金属片转动时，圆筒上的一个长沟槽使得针和金属片颤动，金属片的颤动就能够产生声音。要成为著名的发明家，你不但得特别善于发明，还必须特别擅长推销自己的发明。1890年，爱迪生想出了一个伟大的创意来提升他的留声机形象，他把留声机放在玩具娃娃的身体里面，这样就使得娃娃能够说话了。

妈——妈！

23

爱迪生制造的这种会说话的娃娃取得了巨大的成功，在19世纪90年代，每个孩子都梦想得到这样的一个圣诞礼物，就像100年后每个孩子都想拥有一个巴思光年（一种玩具航天员）一样。

　　从此，机器人玩具的发展就再也没有停止过，玩具娃娃们很快就能走路、讲话甚至睡大觉了，这一切让世人兴奋不已，有的机器人玩具甚至能够自己小便呢。

嘶嘶！

嘶嘶！

　　到了20世纪中叶，发条式机械玩具被电池供电玩具所代替的同时，计算机也被发明出来。刚开始时，由于计算机的体积太大，根本不能用在机器人玩具身上。直到1947年，一种叫作晶体管的电子器件面世了，有了它，计算机的体积就变得小多了。再后来，晶体管又被体积更小的电子元件所代替，计算机的体积也变得更小了。到了20世纪末，计算机已经小得可以安装在一些机器人玩具身上了，这也就意味着现代玩具可以做出各种各样的复杂的动作、发出各种各样的声音。通常情况下，这些动作都是随意的，这是一种使玩具看起来十分逼真的简单方法，但即使是这一点，也是其他种类的机器人想做却很难做到的。

　　在20世纪，那些最高级的电脑化玩具要么是自动机械，要么是玩偶机器人。直到20世纪末，才出现了一种新型的机器人。

有大脑的玩具

　　索尼公司于1999年推出了一种玩具狗——"爱波"机器狗，

它虽然是玩具，可又不止是个玩具——实际上它是个机器宠物，它看起来很像一只真的小狗。虽然它的动作还有点慢而且生硬，不像真狗那样身手矫健，但它却能够拍照、跳舞和玩球。爱波的最新型号不再以猫或狗为模型，而是采用介于两者之间的一种造型。爱波还有一个最为与众不同的特点，就是它能试着回答人的问话。

名 字：爱波
性 质：机器宠物
外 观：像狗
问世时间（Ⅰ型）：1999年
弱 点：没有绒毛，行动比真狗慢
特别告知：爱波被设计成喜欢追逐亮红色的东西

能听话的机器

在科幻小说中，那些带有激光枪的机器人能够对人类的谈话产生反应，要是现实中的机器人也能够这样就好了——因为这样可以使控制机器人变得简单得多，你希望它们做什么，说一声就行了。可真的要做到这一点并不是件容易的事。

自动语音识别系统

　　自动语音识别系统的基本原理很简单：就是在机器人的记忆系统中放置一整套已经录制好的各种声音文件，然后再编写一套程序，让机器人能够把听到的词语与声音文件里的词汇进行比较，看它所听到的与哪个词语最接近。听起来是不是很简单？但要实现起来可就复杂得多了，造成这种情况的原因主要有3个：

　　1. 通常我们在说话时，都会认为自己是一个词一个词地、字正腔圆地把话说出来的，但实际上并不是这么回事，我们所说出的所有单词都是连在一起的，假如你能看见自己说话的声音通过电脑被打印出来，你不会看见前后两个词汇之间有什么很明显的停顿。你可以按照平常说话的方式，试着说一下这句话："莲蓬和藕"，仔细听一听自己说话的声音，很可能发

出来的音实际上是"莲藕吼"，"莲蓬"和"藕"之间根本就没怎么停顿。

　　2. 词语的发音方式会由于受很多因素影响而各不相同，比如同一个词语用不一样的语气说出来意思也会大不相同，闲谈时与播音时不同，操不同方言的人说出来的话也各不相同，感冒时的说话声与正常时的说话声不同，成人和小孩说出来的声音不同，男性和女性也会不同。

　　3. 还有一个上下文的问题，这个问题就更加复杂了。假如说"张三今天真是见着鬼了"，那到底是说他碰到什么奇怪的事

儿了，还是说他见到什么可怕的人了？没有上下文的环境，你很难做出判断。只有掌握了这句话的背景信息，才有可能做出正确的判断，这个"背景信息"实际上就是上下文环境。张三在这里看见的到底是事儿还是人，你也只有读了上下文才能见分晓。

对于机器人来说，让它向人主动问一个问题是再简单不过的事了，不会引起什么理解上的差异，但是如果有人突然对机器人说"Qián"，它可能就会弄不清楚这个人到底是找它要"钱"呢，还是让它"靠前"一点，或是说是这个人姓"钱"。但是如果机器人刚才问过这个人要往哪里走，很显然，回答出的"Qián"，应该是"向前"的意思。

好在让机器人发问比较容易做到，自己主动说话总比分辨别人话的意思要简单得多。对于机器人来说，只要它的记忆系统里存储了大量的词汇，然后把这些词汇串联在一起，再通过一个音

箱很容易就能说出一句话来。唯一的缺陷就是机器人说话的语调总是很平淡，不像人说话时那么高低起伏、抑扬顿挫，因此它说出来的有些话也会让人不好理解。人在说话时通常会用一些疑问或是惊叹的语气来更好地表达自己的感情，而机器人则不会通过语音语调的变化来充分表达这种疑问或惊叹的语气，所以机器人说话总还是会带来一些麻烦。

要解决这个问题其实很容易，只需要改变机器人说话的音调就可以了，比如说让它在说疑问句时在句尾音调升高，说陈述句时在句尾用降调。也就是说，让机器人说话比让它识别别人的话语然后做出反应要简单得多，就像那些科学家们所说的那样，"如果让机器人说话就像挤牙膏一样，那么让机器人识别别人的讲话就好比是把挤出的牙膏再收回到牙膏筒里"。这也就难怪为什么第一台会"说话"的机器玩具在100多年前就有了，而会"听话"的机器直到最近才出现。

要想让机器人能够很快地理解人所说的话，一个办法就是训练机器人识别由特殊的人说的一些特定的词汇，也就是说让某个人用各种不同的语气和语调多次重复地说同一组单词，直到机器人完全掌握了这个人说这些单词的所有不同方式。这一点爱波就做到了，它所采用的是"特定说话人语音识别"技术。这种类型的最高级系统可以识别50 000多个不同的词汇。

由此可见，把机器人做成玩具或是宠物真是再合适不过了，但是有一点必须说明，与其他种类的工业机器人相比较，这种机器人玩具或宠物显得似乎没有多大用处，你很可能会这样说（如果你是个没有情趣的人），机器宠物只在圣诞节的时候才有用处，在日常生活中还真没太大用处。

工业机器人

工业机器人是到目前为止最常见的一种机器人——目前全世界大概有100万台以上的工业机器人正在使用中。为什么要用机器人？因为现在在很多的工厂中大量的工作都是要求准确无误地按照一套设计好的程序和指令来做大量重复的劳动，而这正是机器人最擅长干的活儿，用机器人做这种工作所花的费用要比使用人工所花的费用小得多，所以使用机器的工厂的生产成本比使用人工的工厂的生产成本要低很多（这也就是用机器制造的产品现在为什么这么便宜的原因）。还有，人并不像机器那样擅长在流水线上从事重复性的劳动，之所以这么说，是因为人会：

▶ 犯困

▶ 要精确地熟悉流程得花上很长时间

▶ 好忘事

▶ 很容易受伤，而且医疗费昂贵

▶ 会感到疲劳

▶ 不喜欢在阴暗的、冬冷夏热的、空气不流通的、噪声较大的地方工作

▶ 退休以后还要付退休金

现在你知道了吧，机器人才是工厂中最理想的工作者——难怪它们在职的时间比人要长呢。

机器时代

第一批工业机器人出现于20世纪60年代，但它们并不是在某一天突然出现的。在100多年以前工业机械出现后，经过长时间的发展，到了最后阶段才出现了工业机器人，这也算是工业革命的一部分吧。18世纪，英国人口猛增，因此对于产品的需求就相应增长起来。同时，由于海外贸易的发展，人们手中的钱也多起来了。在这种情况下，各种各样的工厂便如雨后春笋般建立起来，它们开始大规模应用新技术来提高产量和质量。今天的机器人很大程度上来说就是工业革命的结果，工业革命使得工厂从使用操作简单、功能单一的机器逐渐演变到今天我们采用更加智能化的机械装置。

用数字织布

约瑟夫·马力·杰卡于1801年发明的杰卡织布机就是工业机器人的祖先之一。普通的织布机比较累人，操作时要非常小心，而且做的都是重复性工作。重复性劳动正是人类所厌恶的，但对机器人来说却是再合适不过的。很多年以来，人们相继在织布机上进行过很多小的改进，但真正使织布机成为全自动化的却是杰卡。他发明了一种机械控制系统，使织布机可以织出很多图案和花纹，用户们所要做的只是在织布机上设定出他们想要的图案。设定图案的方法就是把一些打有小孔的卡片放进机器里，这些小孔会引导五颜六色的丝线进入正确的位置，这样，只要换上不同的卡片就能织出不同的图案来了。

31

这就使杰卡织布机成为与众不同的织布机，类似于一台能按照一套容易修改的程序指令工作的机器人。

有大脑的车床

在杰卡发明出这种织布机70年后，斯本先生也制造出了另一种机器人的鼻祖——自动车床，它有两个"智能转轮"，用不同的方式对"智能转轮"进行设置就可以让这台车床多干一些事，虽然干的只是在物体上刻出不同的沟槽这样有限的一些小事。当然，这只是刚开始时的情形，斯本和许多其他人都热衷于发展工业机器人而不愿意雇用工人。

打倒机器人

但是绝大多数的人都不愿意被机器人抢去手中的工作，尤其是在一旦失业就要忍饥挨饿的时候，这种想法就更为强烈（当有人提出用机器代替人工的设想时，这种想法就已经存在了）。所以，工厂的自动化引发了很多暴动和骚乱，即使是到了现在，仍然有许多人排斥机器人。不过，虽然第一台工业机器人出现前经历了很长时间，但工厂自动化的步伐在此后的几十年里却是越来越快，工人在工厂里的重要性也随之日益降低。

工人由于害怕失业而对机器人产生的恐惧感催生了一部著名的电影：《大都会》，它讲述的是在未来世界中的一个疯狂的城市里（确切地说是2026年），一支机器人大军计划要完全取代工人。

实际上，人类所做的工作与机器人大体相同，也就是操作大型机器。（实际上人们要做的工作非常简单，就是将操作杆对准点亮的指示灯，这个动作简单得要命，只需制作一个非常简单的机器就可以将人解放出来，根本不需要费劲地去做一些人形的智能机器人。）设计机器人以及用机器代替人工的情节（不管人愿意不愿意）在其他影片中也有不少体现。

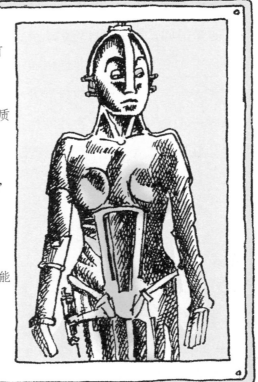

名字：嗯，好像还没有

性质：机器女恶人

外观：人形，金属质感，具备女性特征

出处：电影《大都会》，导演铃太郎

问世时间：1926年

特殊才能：坏透了，能够改变外形

弱点：会被火烧毁

在20世纪20年代，现实生活中的机器人还没有像电影《大都会》中的机器人那样的能力，那些工厂中的机器人即使再先进，也还需要大量的熟练工人去操作，它们都不是真正意义上的机器人，而第一台真正意义上的工业机器人则是在20世纪50年代早期才被开发出来的。

德沃尔先生惊人的自动化计划

开发工业机器人的想法最初是由一位名叫乔治·德沃尔的工程师于20世纪50年代提出来的。当时工厂里已经到处都是机器了，这些机器在发挥自己的功能方面都做得相当出色，不管是做盘子还是做叉子，都比人干得强很多。不过，这些机器都很昂贵，而且制造起来非常复杂，所以只有在它们生产的产品非常畅销时，这些机器才物有所值。

但是如果有人想要一些新潮外形的奇特盘子或是六齿叉子之类的"特殊东西"，就必须或多或少地对这些机器进行改造。于是乔治针对这种情况提出了一个伟大的构想：

为什么不把机器设计成多功能的，而不是仅像现在这样功能单一呢？

所以，在1954年，乔治申请了一个能够在工厂里把物品移来移去的程控通用机器的专利，在研制初期，乔治把它叫作万能自动机，但是他自己从未真正地把这种机器生产出来，所以，万能自动机其实一直都只是个创意。

这种状况一直持续到了1956年，一天，乔治参加了一个鸡尾酒会，遇到了另一位工程师约瑟夫·恩格伯格。

所以我想，为什么不造一个万能工业机器呢？

你是指机器人吗？真是个绝妙的主意，乔治，那咱们就做一个吧……

两年以后，他们把想法变成了现实。

　　乔治·德沃尔和约瑟夫·恩格伯格做出来的，用今天的标准来衡量，只是一个非常简单的"木偶型"机器人，即"尤尼麦特"。它所能做的只是把东西拿起来再放下去。不过，这个家伙身手敏捷，可以说是做得相当成功了。1961年，乔治和约瑟夫把他们做出来的第一台"尤尼麦特"机器人卖给了美国通用汽车公司的汽车厂，在那里，它被安排去码放炽热的金属零件——这项工作一干就是十多年。它的出现不但没有引起工人们的恐慌，而且还深受工人们的喜爱，因为有了这个家伙就再也不用工人们自己去拿那些烧得通红的汽车零件了。"尤尼麦特"机器人虽然不是用计算机控制的，但它有一个电子系统，这个系统也可以让它很快地按照指令以一切可能的方法移动物体，这一点在乔治·德沃尔的专利申请书中也提到了。

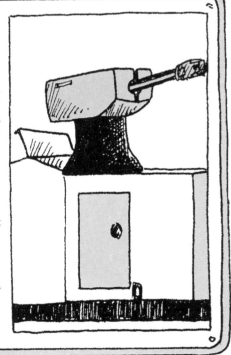

名　字：尤尼麦特

性　质：第一台工业机器人

外　观：像一个盒子，上面有带关节的胳膊，胳膊上有钳子

投入使用时间：1961年

特殊才能：把物体拿起来再放下去

弱　点：只有一个简单的电子大脑

约瑟夫和乔治后来成立了一家名为"联合美神"的公司，这是世界上第一家完全从事机器人研究和开发的公司，可惜的是，这家公司的经营状况一直不好，直到1975年才摆脱亏损的窘境——俗话说，万事开头难嘛。但是你也不用为他们捏把汗，1983年，约瑟夫把公司给卖了，他得到了1.07亿美元！是1.07亿美元哪！这可是在1983年啊。

自"尤尼麦特"以后，工业机器人走了一段很长的路。目前，世界上主要由机器人操作的工厂已经有数千家，其中包括很多汽车厂，不久，这些工厂就会成为只有机器人在里面工作的无人工厂了。

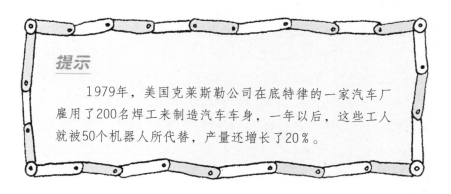

提示

1979年，美国克莱斯勒公司在底特律的一家汽车厂雇用了200名焊工来制造汽车车身，一年以后，这些工人就被50个机器人所代替，产量还增长了20％。

今天的工厂已经不单是拥有大量的机器人和计算机，就连工厂本身也是由计算机来设计与控制的，甚至连生产机器人的任务也是由另一些机器人来完成的。在下一章里，我们将为您讲述机器人是怎样工作的。

机器人在工作

工业机器人所做的最常见的工作包括：

▶ 把零部件传送给机器

▶ 把其他机器里的零部件收集到一起

▶ 焊接

▶ 喷漆

▶ 将电子元件插装在电路板上

▶ 把细小的金属丝焊接到位

虽然有几千种不同的机器人做着以上那些工作，但它们的工作方式却都大致类似。任何一个像样的工业机器人都需要一种组件，那就是胳膊和手。实际上，大多数在尤尼麦特以前的机器人都没有这种东西。而现在市场上却有很多种胳膊（又叫机械手）供顾客选择，以便使每一种工作都由一款最合适的胳膊来完成：

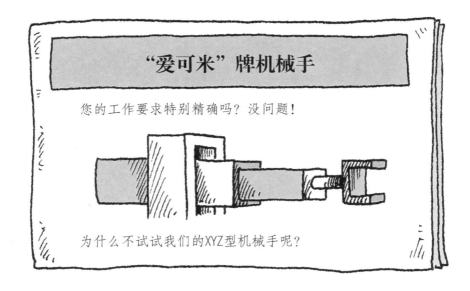

"爱可米"牌机械手

您的工作要求特别精确吗？没问题！

为什么不试试我们的XYZ型机械手呢？

想要轻松对付那些重物吗？

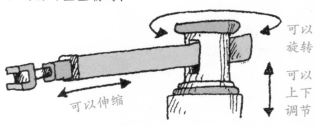

可以旋转

可以上下调节

可以伸缩

为什么不试试这个顶极机械手呢？

想触摸到其他机械手无法触及的地方吗？

没有哪种手臂比这种"思拜因"机械手更合适的了。

你已经试过所有其他的机械手了，现在向你推荐一种能胜任任何一种搬运工作的手臂，那就是"斯加拉"。

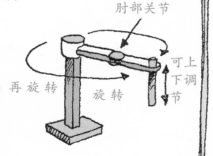

肘部关节

可上下调节

再旋转　旋转

请与爱可米公司联系最新的机械手，传统、时尚两相宜。

爱可米精品店——总是用最时髦的喷漆方式养护您的"爱臂"。

这是一种选择性柔顺装配机械手，你可以随心所欲地进行组合。

大多数机械手的关节都只能向一个方向转动，就像我们的肘关节、膝关节和手指关节一样。为了让机械手能够向任意一个方向活动（比如我们的肩胛骨、大拇指和髋关节就能做到），机器人通常需要几对单向的关节配搭在一起，这样一来它就能干更多的活也更易于操控了。

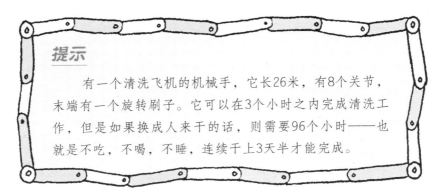

提示

有一个清洗飞机的机械手，它长26米，有8个关节，末端有一个旋转刷子。它可以在3个小时之内完成清洗工作，但是如果换成人来干的话，则需要96个小时——也就是不吃，不喝，不睡，连续干上3天半才能完成。

不过，不管机器人配备一个什么样的手臂，它的末端都必须有一个末端执行器（就像人类的手）。

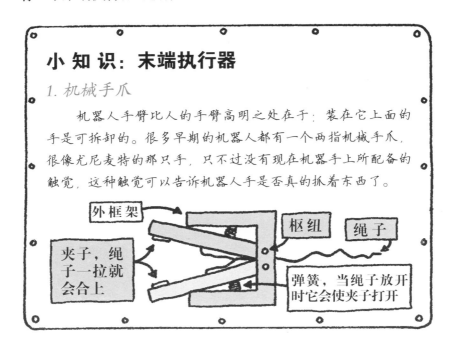

小知识：末端执行器

1. 机械手爪

机器人手臂比人的手臂高明之处在于：装在它上面的手是可拆卸的。很多早期的机器人都有一个两指机械手爪，很像尤尼麦特的那只手，只不过没有现在机器手上所配备的触觉，这种触觉可以告诉机器人手是否真的抓着东西了。

外框架

枢纽　绳子

夹子，绳子一拉就会合上

弹簧，当绳子放开时它会使夹子打开

通常情况下采用气动方式，也就是说用压缩空气作为手的驱动力是最好的，因为压缩空气会让夹子有点弹性。但是，如果要想挤碎东西的话，采用液压才是最好的（见第98页）。

2. 真空吸盘

假如机器人需要拿起一些特别光滑的东西，如玻璃板，那就需要一个可控的真空吸盘（这个东西在太空是不会起作用的，因为那里没有气压，也就无法使吸盘吸住东西）。

空气被抽走

大气压力使

物体附着在

吸盘上

接真空泵的管子

软橡胶杯

3. 磁性手爪

要想拿起铁质或钢质的物体，电磁铁是最好的末端执行器，但同时它也会吸起很多并不需要的小东西，这些东西一旦被吸起来就很难去除——即使在切断电源后，电磁铁的磁性消失了，这些被吸起来的东西也会因自身被磁化而带有磁性，所以有电磁手爪的机器人常常带有一个小刷子。

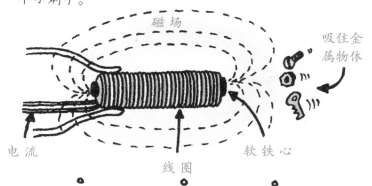

磁场

吸住金属物体

电流

线圈

软铁心

4. 钩子和钉子

　　有一些机器人的手非常简单，就是一个具有黏性的夹子，或者是钩子甚至是光光的钉子，它们虽然不能成为多面手，但是既便宜又简单，而且在捡拾或提拿东西这方面特别有效，如对付纸、手提箱和垃圾（本来它也就是被用来做这些工作的）。

5. 超级机械手

　　有些手虽然使用起来很方便，但制作和控制都非常复杂。例如，有一种机械手叫作主动变形手，它很像大象的鼻子，适合于拿起那些不规则的物体。还有一种叫做万能手，它是一个用细针组成的立方体，能够完全包住一个小物体。这种万能手能够告诉机器人它所抓住的东西的3D形状。

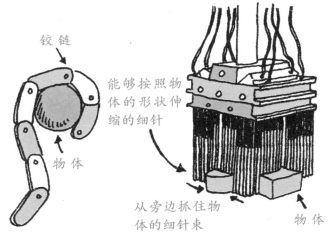

铰链

能够按照物体的形状伸缩的细针

物体

从旁边抓住物体的细针束

物体

6. 工具手

　　很多机器人的末端执行器就是直接在手腕上安装的一些工具，这些工具的种类可以非常多，可以随机器人要做的工作随时更换，如：激光器、手术刀、钻头、螺丝刀、剪子、油漆喷枪……因此，为了使工具手换起来非常容易，采用的都是卡口接头，安装起来有点类似于装卡口灯泡。

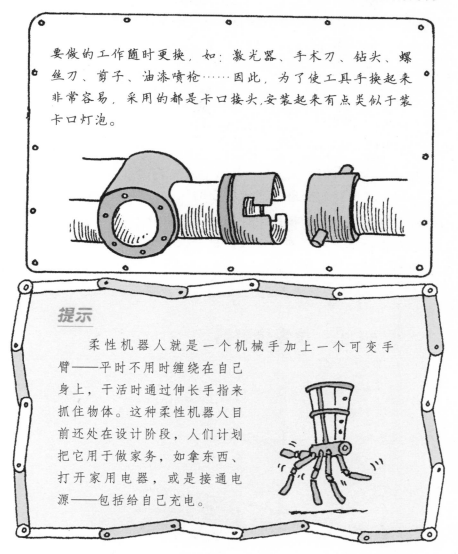

提示

　　柔性机器人就是一个机械手加上一个可变手臂——平时不用时缠绕在自己身上，干活时通过伸长手指来抓住物体。这种柔性机器人目前还处在设计阶段，人们计划把它用于做家务，如拿东西、打开家用电器，或是接通电源——包括给自己充电。

43

注意肢体的位置

　　人类有一种自己都很难察觉的知觉，它会告诉我们自己的四肢在身体的哪个部位*。我们只是在四肢没有知觉时才会相信有这种感觉，比如说，用头枕在胳膊上睡着了，醒来才发觉胳

* 这叫本体感觉。

膊麻木了，就好像胳膊不在自己身上似的。你会想，"怎么啦？等一等，我的手到哪里去了？"这种本体感觉对于机器人来说也是很重要的，因为感知自己的身体部件在哪里也是它的一项重要工作。

噢，我想起来了，我的左腿进了修理店，右腿可能被我落在超市了！

我们之所以能够感知四肢所在的位置，那是因为我们全身的神经纤维都会不断传出一些信息，告诉我们身体的各个部位功能是否正常。与人类相比较，机器人的这个"神经系统"就要简单得多了。

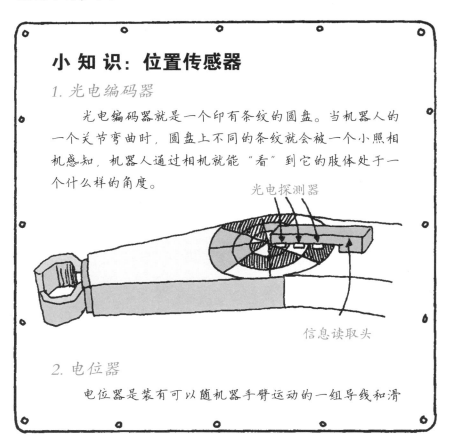

小知识：位置传感器

1. 光电编码器

　　光电编码器就是一个印有条纹的圆盘。当机器人的一个关节弯曲时，圆盘上不同的条纹就会被一个小照相机感知，机器人通过相机就能"看"到它的肢体处于一个什么样的角度。

光电探测器

信息读取头

2. 电位器

　　电位器是装有可以随机器手臂运动的一组导线和滑

块。机械手臂越伸展，导线就会沿着机械手臂的运动线路伸展得越长，而电流是通过整个线路的。当电流通过的距离加长时，电位就会降低，这样机器人体内的电脑就会知道自己的手臂伸得有多长了。

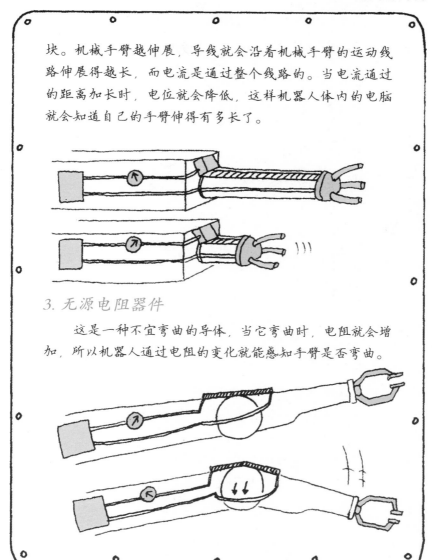

3. 无源电阻器件

这是一种不宜弯曲的导体，当它弯曲时，电阻就会增加，所以机器人通过电阻的变化就能感知手臂是否弯曲。

45

如何训练机器人

通常情况下，一些非常复杂的工作需要由工业机器人来完成，教会机器人做这些工作有两种主要方法，一种简单，另一种困难！

困难的方法就是通过给它输入一系列的指令，告诉机器人应该干什么，比如说，人们可能会给汽车工厂的机器人输入如下指令（当然这些指令被译成计算机编码了）：

等等，直到第3251条指令。

不过，要输入这么多的指令显然不是一件容易的事，需要特别仔细才行，假如一不小心忘了输入第4条指令，那会怎么样呢？

为此，机器人科学家们发明了一种特别简便的解决方法，叫作直接式教学，或叫引导式编程法，比如，人们可以手把手地教

机器人该如何给汽车喷漆。机器人身上有一个开关，人们先采用手动方式操纵机器人用喷枪给汽车喷一遍漆，此时喷枪连接在机器人手臂上。在人工手动喷涂的过程中，机器人手臂位置传感器会告诉电脑，手臂在每个时刻所处的位置，然后就可以改由电脑来控制机器手臂，即由电脑来引导机器手臂打开喷涂开关，重复刚才人工所做工作的全过程。这样，只要第二辆车到了第一辆车刚才接受喷涂时所在的位置，机器人就能喷得相当棒（至少与人工喷涂的效果没有差异）。这样，它就能一辆接一辆地喷下去，而且不会感到疲倦，也不会出什么差错。

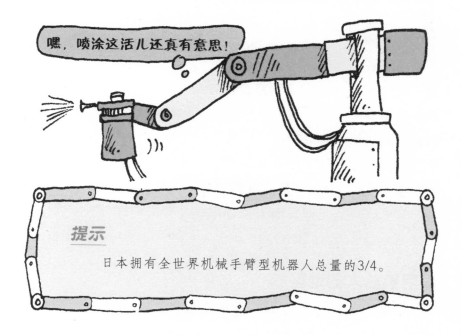

嘿，喷涂这活儿还真有意思！

提示

日本拥有全世界机械手臂型机器人总量的3/4。

反馈

　　这个概念是机器人概念中最基本的一个（除了"为什么我不找另外的东西来为我做这项烦人的工作呢"之外）。和与机器人有关的其他大多数概念不同，这个概念已经提出来好几个世纪了。它对现代机器人的发展起着至关重要的指导作用，意思就是把工作的进展情况传递给做这项工作的人或物，就像通过把汽车的位置信息反馈给司机从而指引他倒车一样。

人的全身都充满了信息反馈系统：当你把脚放下时，你腿上的很多小传感器就会把信息迅速传递给大脑，让你知道你的脚迈向哪里，脚底的压力传感器会告诉你脚是什么时候着地的。当然，我们还会用到其他部位的传感器来进行信息反馈，如眼睛和平衡感知器（它在我们的耳朵里，这一点很奇怪）。

像人一样，工业机器人主要用触觉和位置传感器来进行信息反馈，但它们对视觉的运用还不像人类那么多。

限用机器人的地区

使用工业机器人，一个主要的好处就是能够使工厂漂亮整洁，机器人"痛恨"杂乱无章。如果物体不在它应该在的地方，或是在它不应该在的地方，机器人就会有些不高兴。杂乱无章对于机器人来说就意味着"复杂情况"，而机器人体内的程序除了能够处理已经预设的复杂情况外，对其他的复杂情况是无能为力的，这也就是为什么不能让工人和机器人混在一起工作的原因。因为人如果与机器人混在一起干活儿的话，他们

的茶杯和鞋等东西会将工作现场搞得很乱，而且还会造成危险，因为机器人判断不了复杂的情况就容易对人造成伤害，这可是人们所不愿意看见的。

目前，大部分使用机器人的工厂同时也还使用人工进行劳作，为了不发生上述问题，机器人应该做到以下两点之一：

a）配备复杂的信息反馈系统，即一些类似于能够识别不同人的高级视觉传感器，还必须有足够的智慧，知道应该如何避免伤人。

b）在笼子里工作。实践中，这样做的成本会更低一些……

为了让机器人更安全，一个办法就是使机器人有触觉，

嗯，让我猜一猜……

这样它们就知道在不小心碰到东西或是碰到人时要赶快停住。那么……

机器人是如何感觉到事物的？

浑身冰凉光滑，这是个什么东西？

这家伙是不是有病或是犯晕了？

其实这完全是我要表达的意思……

对大多数机器人来说，尤其是工业机器人，触觉是最为重要的一种感觉，就连早期的机器人也有一点初级的触觉。

小知识：触觉传感器

1. 碰撞传感器

触觉传感器的一个好处就是它们非常简单，比如碰撞开关就是这样。它就是机器人身上的一个小按钮或是触角，撞墙了就会提示机器人。它会向机器人的电脑发出一个信号，电脑程序已经编制成识别出这个信号就是碰到了障碍物。这种传感器对于移动式工业机器人尤为重要。

2. 电阻式压力传感器

为了知道自己握东西的力量，就需要在机器人的钳子或夹子（也就是它的"手指"）上安装一个多层电气主件。它实际上是几对中间夹装有弹性胶状体的金属片。机器人在捏拿东西时，胶状体受到挤压，挤压胶状体越厉害，金属片间导电性就越好，所以，根据电流强度很容易计算出机器人"手上"的握力。

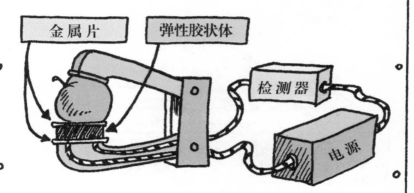

这种传感器对于那些运送精细物品的机器人来说非常有用，因为在搬运过程中需要轻拿轻放，否则就会对物品造成损坏。

3. 压电传感器

压电材料是一种在受到挤压、猛击、摇晃或加热时能产生电荷的材料，它可以给机器人很多类似我们人类的皮肤能够感受到的信息。很多工业机器人的末端执行器上都有几小块压电材料。

哎哟！

4. 机器人皮肤

人们可以用很多很多块小片的压电材料贴满机器人的全身，从而给机器人制造一层人造皮肤。还有一种人造皮肤是用柔软的弹性塑料制成的，它含有许多细导线，当塑料受到物体的压力时，导线的电阻就会发生改变。

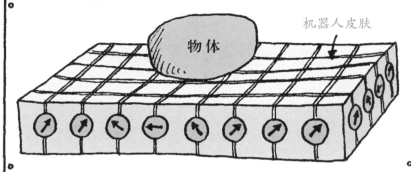

机器人皮肤

物体

实际上，由于这些系统非常复杂，而且机器人的电脑要算出发生了什么事必须有很强的运算能力，所以，机器人皮肤在目前还很少使用。

5. 热电式传感器

机器人最简单的接触感知是测量温度，在这一方面它们比人还擅长。它们所需要的只是一个电子温度计。对那些在焊接、烧陶或是炼钢车间工作的机器人来说，可以用温度传感器来提醒自己温度是否过热了。

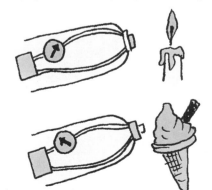

有轮子的机器人

呜！呜！

　　移动机器人的构造比那些静止机器人的构造要复杂得多，因为它们需要更多的感觉、更为复杂的电脑、自带的电源系统，当然，还需要有车轮、履带或是腿脚。所以，在此之前，人工还是工厂搬运物品的主要劳动力。但是，目前的机器人技术已经能够让机器人自由走动，这也就是说工厂现在已经具备了完全机器人化的条件。

　　移动式工业机器人又叫ＡＶＧ（即自动导引车），其表现形式通常为机器人电车或叉车，它们特别适合在冷冻食品库工作，因为这种环境对人来说太冷了，而机器人则不会有这种感觉；或是在汽车制造厂工作，因为那里老有重物需要搬运，而人则很难承受那么大的劳动强度。

机器人同事

　　在工厂或是冷库里使用机器人还有一个好处，那就是它们互相之间、它们与中心计算机之间可以很快地、很可靠地联系，而且彼此信任，不会产生人类所特有的复杂微妙的感情，从而影响工作。例如在自动冷藏室，机器人总能够不断地告诉中心计算机还有多少库存，以便让计算机知道什么时候又该订货了。

　　汽车制造厂通常会同时安排6个机器人对一辆汽车进行作

53

业，机器人之间彼此配合默契，不会给别的机器人捣乱。如何让机器人更好地协调工作，在过去的几年中已经有人做过深入细致的研究，比如里丁大学就有7个小机器人组成了一个小队，它们的缔造者凯文·沃威克教授对它们非常喜爱，亲昵地称它们为"七个小矮人"。它们当中有个领头的机器人，大家都会听从它的指挥；它们可以集中在一起，也可以避免互相碰撞。它们通过超声波来感知物体的存在，用红外线信号互相联系（见第61页），它们合起来可以完成单独不能完成的任务，如挪动大物件。

嗨——嗬——嗨——嗬……

　　工业机器人之所以能取得如此巨大的成功，是因为工厂的环境可以设计成适合机器人的理想的工作场所。如果让机器人在既无法预判，又十分狭窄复杂，并且十分不安全的地方工作，那情况就会很棘手了。例如，干家务活儿……

家用机器人

整理卧室是一件非常烦人的事儿，如果你不这么想，那就说明你从来没有认真地整理过自己的房间。人类从一个单细胞生物开始，演变进化到如今，已经经历了几百万年的时间，这期间人们都干了些什么呢？一直在铺床、收拾袜子，简而言之就是干着家务活儿。这么说有点耸人听闻了吧？

当然，家务活儿谁都有干厌的时候。奴隶制被废除后，人们不能再用奴隶给自己干活了，于是就想着发明一些机器来代替奴隶给自己干活儿。多年来，人们一直希望有一个人形的机器人，可以按照自己的吩咐去购物、洗盘子、割草，再给自己泡一杯香茶，但是这些事一件也没有成为现实。后来，人们只好开始发明一些不完全是机器人的东西，真空吸尘器就是早期的一件发明，它为人类好好地服务已经100多年了。电动洗衣机于1908年出现，自动烤面包机则出现于1919年，这些发明刚开始时都不太好用：真空吸尘器需要一个佣人不停地抽气，洗衣机总是喜欢电人，烤面包机老爱把还在烤着的面包弹射得到处都是。

那么，为什么到现在大家还没有见到更为成熟的家用机器人呢？

　　首先是因为，尽管人们已经可以制造出相当有用的家用机器人，但目前还不值得为这件事花钱——花上几百万元开发一个机器人去宇宙探险、救生或是生产便宜汽车当然不错，可是谁又肯花这么大的代价让一台机器仅仅是去熨衣服或是遛狗呢？与其如此，还不如雇两个人去干这活儿呢！

　　当然，这种想法并没有阻止工程师们努力开发家用机器人的步伐，其中一个比较成功的机器人名叫"汀克"，它诞生于1966年，能够做一些像洗车和用真空吸尘器清洁地毯之类的家务活儿。10年以后又有了"阿若克"，它也会使用真空吸尘器，还会遛狗，拿饮料和做鬼脸吓人。

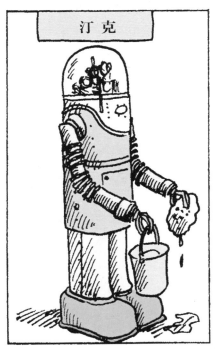

汀克

阿若克

　　但是，除了价格昂贵之外（阿若克价值3万英镑，比它所清理的房子还贵），工程师们还花了很长时间给机器人编程：光是让汀克清洗一辆车就需要花4个小时。

　　还有一个特别的原因使得家用机器人价格昂贵且十分复杂，那就是机器人的移动性能。可能你会认为，下楼梯、开门不都是特别容易的事吗？可不是嘛，你们家的房子都是给人设计的。与现在工厂的设计很不相同，家居环境根本不适合机器人，很多工业机器人都只能一动不动地站在一个地方，工作时要依靠传送带把工件送到它们跟前（如，给汽车喷漆时就是这样）。但家用机器人就不能这样设计了，假如让它们去铺床，那么就需要它们自己找到床然后接着干活儿（每回机器人来干活儿的时候，床上的混乱程度还都不一样），所以从这个意义上来说，让一个机器人去造汽车要比让它去铺床容易得多。

　　那么，到底怎样才能让机器人在家居环境中到处走动呢？

机器人的驱动系统

　　假如机器人所到之处都是十分光滑的地面而没有什么楼梯之类的东西，那么给它们装上车轮就可以了——它们的速度很快，而且很容易控制。大多数移动式机器人都有四个或六个车轮，地面越不平，它们需要的轮子就越多。可是你知道吗？地球表面的70％都不适合轮式车的行驶，当然也包括你们家里啦（移动式工业机器人连个小门槛都迈不过去，更不用说高高的楼梯了）。履带车倒比较适用于不平的路面，但不适合于家用（履带可是会损坏地毯呢）。滚动的球形机器人制造起来容易，但却没有手干活儿了。这几种解决方法都各有利弊，真让人难以取舍。

其实，在特别崎岖的地形中（或楼梯上），没有什么比腿更实用的了。至于一个机器人需要多少条腿，那就要看你安排它做什么工作了。

1. 独脚机器人

单腿试验性机器人已经研制出来了，它能够非常迅速地跳跃，即使在不平坦的路面上也能来去自如。有一台叫作里可彻的独腿机器人，它是在美国麻省理工学院的实验室里诞生的，能够以每秒2.2米的速度移动。可是它有一个缺点，大多数工作它都不能胜任，如刷漆、拿饮料、做眼部手术等。

2. 两足机器人

有些机器人是模仿人类的样子制造的，有两条腿，它们也像人一样，稳定性不是很好，它们需要不断地保持平衡，如果它们的电源或大脑处理系统在一只脚迈出一半时突然中断了，它们必摔无疑。假如你想造一个不会摔倒的两足机器人，那就只好给它做两只超级大脚，但要让它迈小步，就像汀克那样。

3. 3足和4足机器人

3足或4足机器人在静止站立时稳定性要好一些，但是如果走动并抬起一条腿，就有可能失去平衡，就像是一个凳子或一张桌子被锯掉一条腿一样。最早的一个实验性四足玩偶机器人是20世纪60年代为美国军方制造的一个可走路的小车，研究人员发现，少于4条腿的机器人稳定性就很差了，但是如果多于4条腿，控制起来就要复杂得多。

4. 6足机器人

机器人最好有6足：3条腿可同时抬起，另3条腿待在地面上保持平衡的姿势。

这是我老爸吗？

5. 多足机器人

还有一些机器人被安上了很多条腿，有的甚至多达16条。但是机器人的腿越多，控制这些腿的计算机大脑也就需要更精密、更先进，消耗的能量也就越多，出现故障的部件也就可能会越多，看来腿多了并没有多少好处。八足机器人如果用跟六足机器人同样的走路方式——4条腿抬起来，4条腿留在原地，可能会更不稳定，就像在不平的地面上4条腿的椅子与3条腿的凳子相比稳定性就差多了。

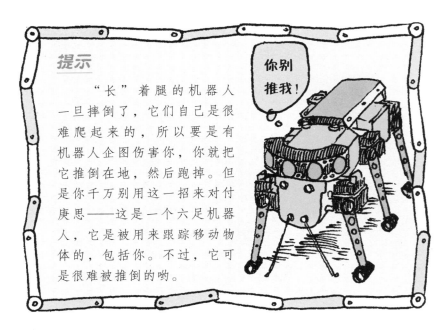

除了在实验室里制造几个有足机器人用于研究外，还很少有厂家制造商用或家用的有足机器人，当然像爱波这样的机器宠物例外。另外，机器人大脑还没有高级到能够游刃有余地指挥机器人在复杂的地面上自由、安全地行走，而且步行式机器人所消耗的能量比轮式机器人消耗的能量要大20多倍，因为它老要不断地轮流把脚抬起来，特消耗能量。

家用机器人现在所面临的一个巨大的挑战就是，机器人所处的环境总是充满了各种各样的物品，从杯子到小孩和猫，这些东西都不能踩，所以机器人要花一些工夫来探测这些东西所在的位置以避免碰到它们。而探测物体位置最好的办法就是：

小知识：接近传感器

1. 一些机器人身体上安装有喷气装置，当它们靠近物体时，喷出的气体会反吹回来，身上的传感器就能检测到气压的增加，从而判断出物体的存在。

2. 还有一些机器人会产生电磁场，就像电鳗鱼所用的方式那样。电磁场会被附近的物体扰乱，从而在机器人的身体内部产生电流——这种手段的缺点是，电磁场受金属物体的影响比木质物体要大得多。

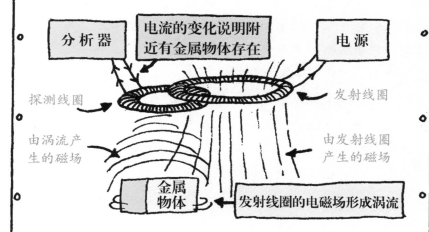

3. 超声波是一种人耳听不见的特别高频的声音，对机器人来说超声波挺好用的，因为超声波是以人耳听不见的方式来传播的，机器人正好可以用它来探测周围物体，就像蝙蝠那样。

4. 最常用的局部区域传感器采用光，反射回来的光的多少与强弱说明了物体距离机器人的远近。通常情况下机器人会用不可见光，如红外线，不会让附近的人感到炫目（人类感知红外线是通过它发出的热量，红外线可以用于很多其他领域，如观察云层以上的空间、量体温以及探测人体等）。

机器人无用武之地吗?

如此看来,家居环境是一个不适合机器人工作的地方了,用那些复杂的家用机器人干家务似乎有些奢侈了。但这是否意味着这些家务活儿就永远得我们亲自干了呢?

谢天谢地,答案是不一定要我们自己干。不过,答案中还是要考虑机器人的。首先,人们盖一所不太需要养护的房子要比造一个专门用来养护房子的东西容易一些。假如人们仍旧像20世纪50年代那样,床上还是使用大量的床单、毛毯、被子以及枕头、床罩之类的东西,他们可能会经常打电话给当地那些机器人研究专家,向他们要一个会整理床铺的机器人。但是如果有一个羽绒被和大小合适的床单,那么整理床铺就不再是一件难事了。同样的,如果化纤业发展得好的话,衬衫之类的衣物根本就不用熨烫,这总比费劲地制造一个复杂昂贵的机器人来只给你熨烫衣服要简单得多了。现在甚至还出现了免擦的窗户,虽然它的造价高一些,但仍然比制造、使用一个擦窗户的机器人要便宜很多,更何况机器人还有可能掉下去砸死人家的猫呢。

同时，也会有一些造价比较便宜的家用机器人，它们的活儿也干得相当不错，只不过它们不是人们所期待的那种通用人形机器人，它们只是20世纪的那些机械在21世纪的更新型号，它们也能够用吸尘器来做保洁工作，能够擦桌子，夏天可以割草，冬天能够铲雪。只不过，它们都是相互独立的机器，每种机器人只能做一件事。

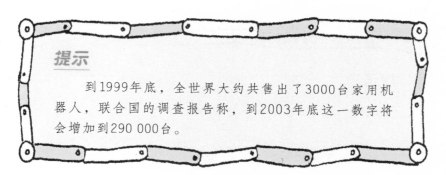

提示

　　到1999年底，全世界大约共售出了3000台家用机器人，联合国的调查报告称，到2003年底这一数字将会增加到290 000台。

机器人管家

　　2001年市场上出现了两种新型的家用机器人：一种叫iRobot，另一种叫R100。iRobot可以爬楼梯，R100能够认人，两种机器人都可以上网（它们使用的是无线上网的方式，不需要用网线接到电话插座上）。当人需要时，只要告诉它们一声，它们就能够用红外遥控器开关一些家用电器，或者从任何一个地方给它们发一封电子邮件（如果你对R100操作得不正确，它可能会说一句类似"真烦人"之类的话）。

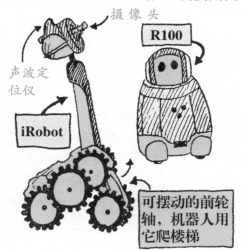

摄像头

R100

声波定位仪

iRobot

可摆动的前轮轴，机器人用它爬楼梯

63

将来，随着越来越多的家用电器的更加智能化，全部家电都可能实现遥控，一些比iRobot和R100更高级的机器人会越来越普及，只不过它们更像一个傲慢的管家而不像家庭用人。尽管你也可以发电子邮件告诉你的家用机器人把洗碗机打开，但你必须记得在离家前把需要洗的碗碟放进去才行，机器人是不会帮你做这些事的。

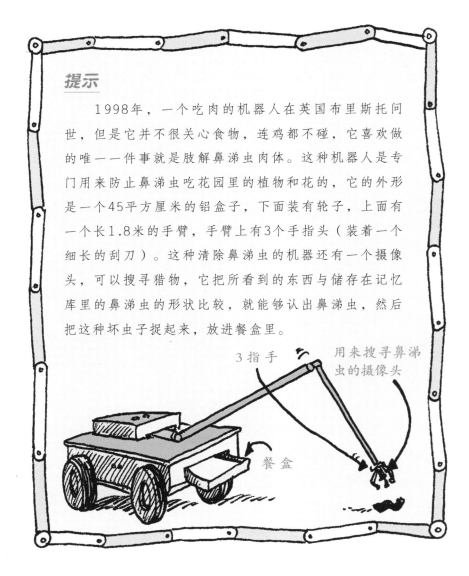

提示

　　1998年，一个吃肉的机器人在英国布里斯托问世，但是它并不很关心食物，连鸡都不碰，它喜欢做的唯一一件事就是肢解鼻涕虫肉体。这种机器人是专门用来防止鼻涕虫吃花园里的植物和花的，它的外形是一个45平方厘米的铝盒子，下面装有轮子，上面有一个长1.8米的手臂，手臂上有3个手指头（装着一个细长的刮刀）。这种清除鼻涕虫的机器还有一个摄像头，可以搜寻猎物，它把所看到的东西与储存在记忆库里的鼻涕虫的形状比较，就能够认出鼻涕虫，然后把这种坏虫子捉起来，放进餐盒里。

3指手

用来搜寻鼻涕虫的摄像头

餐盒

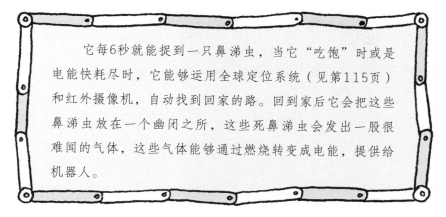

它每6秒就能捉到一只鼻涕虫，当它"吃饱"时或是电能快耗尽时，它能够运用全球定位系统（见第115页）和红外摄像机，自动找到回家的路。回到家后它会把这些鼻涕虫放在一个幽闭之所，这些死鼻涕虫会发出一股很难闻的气体，这些气体能够通过燃烧转变成电能，提供给机器人。

聪明的家用机器人

20世纪80年代，日本的东京大学开始研究一种叫作特珑的智能型家用机器人，它的体内有好几千个微电脑、传感器以及控制器。假如你与特珑生活在一起，你就能享受到以下服务：

▶ 它能够用小电梯从地下书库里给你取出书和激光唱盘。

▶ 用厨房里的电视系统帮你做饭。

▶ 阳光明媚时会帮你打开窗户。

▶ 如果你想听一些立体声音乐，它会帮你关上窗户。

▶ 当电话铃响起时会把音乐声调小。

▶ 你每次上厕所时都会给你做一次健康检查。

遗憾的是，即使是这么灵巧的家用机器人也有不尽如人意

的地方。当来访的客人看见一个东西以为是电灯开关就轻轻碰一下，结果却触发了火灾警报器，特珑就会把消防队员叫过来，而设计者却偏偏没有设计一个"取消"按钮，这样往往就会引起一场虚惊。

特珑只是一个实验性的智能型家用机器人，而在瑞典已经有一些家用机器人上市了，不过，它没有很多的超级计算机，也不具有人形外表，它只是一台电冰箱。它有一个触摸屏，所以又叫视屏冰箱。它有如下功能：

▶ 会录下进入屋子的人的活动过程。

▶ 如果你没关掉炉灶或是未关上冰箱门，它会提醒你。

▶ 记下购物清单。

▶ 会根据自己货架上所存的菜来制定食谱。

▶ 有一个内置电话、上网浏览器、电视和收音机。

噢，还有……

▶ 冷藏食物。

所以，当你计划购买你的第一台家用机器人时，你应该先亲身体验一下……

会思考的机器人

目前世界上大概有100多万台机器人，在前儿章中我们了解的只是极小的一部分，本章我们会接触到更多的机器人，如垃圾收集机器人、扫大街的机器人以及园丁机器人，等等。人类真的很了不起，发明了这么复杂的机器，并且需要做什么工作的机器人就能够很轻松地把它们制造出来。实际上，机器人的身体在很多方面都比我们人类强得多，比人类强壮、结实，比人类速度更快，而且还不知疲倦，能够做很多高精度的活儿。

虽然机器人有很多优点，但它做起工来还不像人类那么聪明。通常，它们的智力不会比一只蜈蚣强。

这种说法听起来让人觉得有点奇怪，不是说机器人的电脑比人脑要高级吗？其实不是这样的，因为电脑只是在某些方面比人的大脑强——电脑的记忆力比人脑好，计算起来比人脑速度快很多，但是，电脑没有智能。它们没有想象力，没有创造性，它们在处理事情方面不能创新，不能处理突发事件，而在这些方面，人脑就能够做得很好。

这就是为什么机器人目前只限于在工厂使用的原因，因为在那里它们只需要按照人类给它们设定的指令去工作就行了。也正是由于这个原因，使得它们在干一些工作如处理爆炸物时还需要人来遥控，人工智能（AI）研究至今仍是机器人研究中最广阔的领域。在几年之后，通过研究人员的努力，机器人也许就真的能够思考了。

一台机器真的能够思考问题吗?

　　人工智能究竟是什么含义？它是不是与人类的智慧一样？对于这些问题至今还存在着许多争论。不过，关于人工智能的一个简单定义就是：

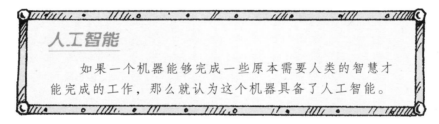

人工智能

　　如果一个机器能够完成一些原本需要人类的智慧才能完成的工作，那么就认为这个机器具备了人工智能。

　　例如，下图中的一些工作……

阿兰·图林——一位在20世纪四五十年代机器人研究专家萌生了一个念头，制定出某个机器是否有智能的检测标准：如果一个机器能够与人对话（用电子邮件或说话都行），人们认为自己是在和一个人而不是和一台机器在说话，这就表明这个机器是智能的。

虽然迄今为止还没有一个机器人达到这个要求，但可喜的是，机器人离这个要求越来越近了。

人们有时候会根据机器人的智能水平对它们进行分类，把机器人分成几代：

1. 第一代机器人。它们基本上只能移动身体、活动肢体，按照人们的设计抓取物体。自动机、简单的机器人玩具以及尤尼麦特等都属于第一代机器人，一些工业机器人也属这类，现在第一代机器人已经要被第二代机器人取而代之了。

2. 第二代机器人。它们有传感器和计算能力，能够对它们探测到的物体作出反应。一种鸡蛋包装机器人可以运用视觉传感器和触觉传感器来探测鸡蛋和包装箱的数量，如果数量不够的话，它会停止包装并索要更多的鸡蛋和箱子，然后才继续工作。不过，第二代机器人仍然只是按程序办事，不会思考出一种做事的新方法。

3. 第三代机器人。 它们不但有传感器，而且还拥有了某种智能——虽然还没有达到人类智慧的水平，但已经能让机器学着做一些事了。第三代鸡蛋包装机器人可以尝试各种不同的包装鸡蛋的方式，从而找出一种速度最快、用纸箱最少的包装方式。为了能做到这一点，机器人可能会反复进行试验，有时甚至可能出现很多失误。

第三代机器人自20世纪60年代以来就一直在研究发展之中，其中最早的一个机器人叫作莎琪，它会运用自己的两个计算机大脑对一个装有简单物体的屋子进行探测，然后尝试着搬动这些物体。比如，当机器人接受指令去把一个箱子从平台上搬下来时，它首先会找到一个楔形块，把它抵住平台，当作一个斜坡，然后再顺着这个斜坡上平台去，这样就能够找到箱子了。

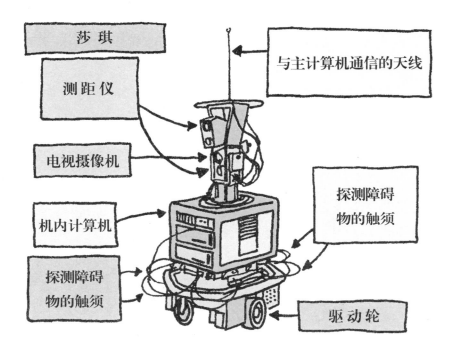

怎样才能让机器人有思维

使机器人具有智能的途径主要有3种。

基于知识的机器人

如果机器人只需要理解一种事情——如怎样下象棋，那么它所需要掌握的就是游戏的规则和一台功能足够强大的计算机，以计算出运用这些规则所产生的各种可能的结果。这样，机器人就能对做什么进行决策，以便打败对手。这就是一个基于知识的系统，它可以使机器人考虑问题比人还要全面——但它只是在特定的领域里才行。比如，当人类与一个高级下棋机器对弈时，人们往往感觉就像正在跟一个真人高手对弈似的。

基于行为的机器人

虽然基于知识的机器人功能强大，但是问题在于，不是世界上的任何事情都可以用一套规则清晰地表达出来。为了掌握做事的规则，机器人经常要进入一个残酷、冰冷的世界去学习如何做事，此前它只需要掌握一些基本的规则和具备在实践中修订这些规则的能力。这就是说，它们能够从错误中总结教训，掌握知识（只要它们不犯致命的错误）。

我还不知道什么是基本的东西呢！

这种机器人有时又叫基于行为的机器人。

这种机器人最早诞生于1948年，是叫作爱默和爱丝的两个机器乌龟，它们能够跟踪光源，不会彼此发生碰撞，饥饿时可以回家吃饭（即电力不够时充电）。它们的眼珠能够转动，触须有触觉，每只乌龟都有两个"脑细胞"，还能够以跳舞来取悦它们的发明者★。现在的行为型机器人已经能够学会适应环境，根据环境改变自己的行为。

最近又开发出了第三种智能型机器人，它集以上两种智能型机器人的长处于一身，是一个"混血儿"，既有预先输入的知识，也有学习行为的能力。其中有一个叫作卢威，它是伦敦大学帝国学院的莫雷·山纳汉博士制造的。

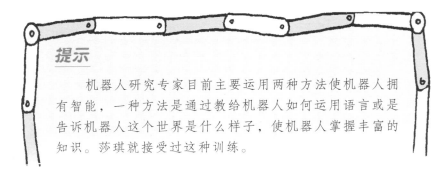

提示

　　机器人研究专家目前主要运用两种方法使机器人拥有智能，一种方法是通过教给机器人如何运用语言或是告诉机器人这个世界是什么样子，使机器人掌握丰富的知识。莎琪就接受过这种训练。

★ 它们的发明者威廉·格雷·沃尔特把这种行动像动物的机器人叫作"机器思想者"，现在一般都叫作AL，即"人工生命"的意思。

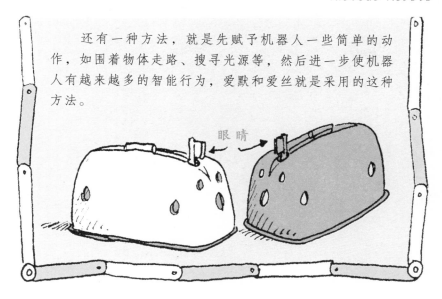

还有一种方法，就是先赋予机器人一些简单的动作，如围着物体走路、搜寻光源等，然后进一步使机器人有越来越多的智能行为，爱默和爱丝就是采用的这种方法。

眼睛

如何制造机器人的"大脑"

科学家一旦决定采用哪种方法后，还必须选择一种最佳的方式来实施这种办法，即采取哪种硬件来制造机器人的人工大脑。如果要制造基于知识的机器人，科学家通常选用普通（但是速度却非常快）的电脑，而如果制造基于行为的机器人，则通常选用与人脑有相似结构（称为神经网络）的电脑。早在1943年，就有人用几瓶连接着金属片的化学物质制造出了仿生大脑（它的设计者无法用计算机，因为那时还没有发明）。这种仿生大脑能够学会认识一些简单的图案，被称作是神经网络，它实际上就是人工神经元（脑细胞）组成的网络。现在一般都采用普通计算机来构造神经网络，这种普通计算机的操作就像是由很多连在一起的小计算机组成的小网络。

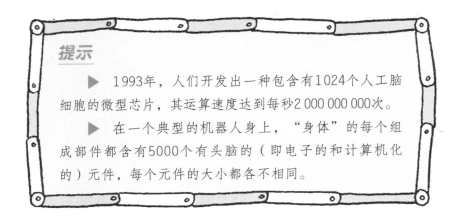

提示

▶ 1993年，人们开发出一种包含有1024个人工脑细胞的微型芯片，其运算速度达到每秒2 000 000 000次。

▶ 在一个典型的机器人身上，"身体"的每个组成部件都含有5000个有头脑的（即电子的和计算机化的）元件，每个元件的大小都各不相同。

你是如何通过一个人的脸来判断其性别的呢？这个问题也许很难回答，因为从来没有人教给我们判断一个人性别的标准，如何判断都是我们自学的。但是如果你想教会一个基于知识的系统去判断性别，你就必须总结出一套识别的规则来，然后把这套规则输入到系统中。一种既简单又有效的方法就是运用神经网络，简单地说，它的工作原理是这样的：

当摄像机观察并记录下不同的脸时，会产生不同的电模式，刚开始时，告诉神经网络每张脸所属的性别，这样它就能够知道，哪种电模式是男性产生的，哪种电模式是女性产生的，最后，神经网络就会学着自己根据脸来判断性别了。神经网络在做这种事时差不多跟人脑一样棒，不仅如此，神经网络还可以认出不同的人。它还可以用来预报天气情况、检测癌细胞、监控飞机的电子系统，甚至能够预测石油价格。

《银翼杀手》是1982年出品的一部电影，它是根据一本叫作《机器人会梦到电子羊吗？》的书（菲利普·K·迪克于1968年著）改编而成，讲述的是一个会做梦的机器人的故事。现在，以下这种事是很可能实现的：当神经网络接受一项任务后，你就能根据它们的电路上的电流情况知道神经网络是否在干这项工作。有一个神经网络机器人叫作马纳，有时候能够自己引发电的活动。马纳的设计者伊果尔·阿历山德尔教授说，这个东西也能做梦。所以，如果有一个像斑德那样的机器人，整天梦想着将人类全部消灭掉也不是不可能的。

机器人团队

电脑与人脑相比还有一个明显的优势，那就是它不会产生厌烦或是妒忌心理。这一优势再加上它们卓越的通信系统，机器人就能够以非常高的效率进行协同作战来解决难题，探索解决问题的不同方法，直到找到最佳的一种为止。1995年，有一组机器人从一组线索中最终学会了如何寻找一个白色的三角块，它们试用了想出来的30种方法，但是其中29种都不成功。

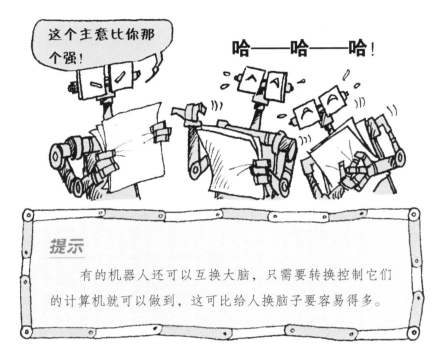

提示

　　有的机器人还可以互换大脑，只需要转换控制它们的计算机就可以做到，这可比给人换脑子要容易得多。

　　为了使机器人的智慧能够达到与人类一样的水平，目前世界各地都开展了很多研究项目来着手解决这个问题。美国麻省理工学院的科学家罗德·布鲁克斯开发了一个名叫科格的人形机器人，他让机器人通过与人的互动（它一直密切观察着进入房间的每一个人）和"玩"东西，从而能够像人一样去自主发展自己的智力。他和其他研究人员还给科格安了与人相似的双手和双眼，以便"看"人和"玩"东西。可以说，科格是目前世界上最先进的人工智能机器人★。

★ 罗德·布鲁克斯在说到这个人工智能机器人科格时使用了"包容结构"一词。

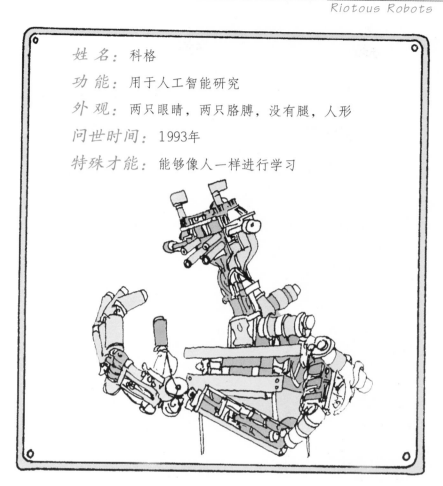

姓　名：科格

功　能：用于人工智能研究

外　观：两只眼睛，两只胳膊，没有腿，人形

问世时间：1993年

特殊才能：能够像人一样进行学习

注意、注视与洞察

　　视觉对于机器人的重要性就像它对于我们人类一样，有了视觉，机器人就能够自己找到路，就能够学东西（科格就通过视觉学到了很多东西）。视觉还可以让机器人不用触摸就能够对东西进行核对——尤其是在需要检查的东西属于危险品或易碎品的时候。

　　有一种非常简单的视觉系统，能够很容易地安装在机器人身上，用光来做一些特殊的事情，像测量机器人与物体之间的

77

距离；感知物体表面的平整度，等等。机器人在做这些事情时比人类要强很多。可是如果想让机器人明察秋毫，而不是仅仅简单地做个测量，那难度可就大多了。

机器人的图像处理

第一阶段：图像获取

这个过程很简单。给机器人安上一个变焦镜头后，它身上的探照灯或红外线摄像机就能够看见各种各样的人眼看不见的东西，然后机器人就会把看到的所有的东西都照下来并记住它们。机器人有了视觉后还可以做一些人类难以想象的事情，比如像雷达一样，利用自身发出的光照射到物体后返回的时间来测出自己与物体之间的距离；如果它能精确地测出光线的颜色（波长），它甚至能准确地算出物体逃离或奔向它的速度。

它们的眼睛也很棒。它们能够想要多少眼睛就有多少眼睛，而且这些眼睛可以和手啊、脚啊以及其他任何地方相连，

甚至可以粘到墙上，用无线电与之相连（如果你不是机器人的话，别拿自己的眼睛进行这种尝试）。

不过，就算你是一个机器人，也别得意得太早，等到了第二阶段（把图像转换成代码阶段），就会十分困难了，一个场景包含着特别庞大的信息量，而且这些信息还会不断地发生变化（尤其是当取景器在晃动的时候）。

第二阶段：图像分析

接下来机器人要做的事就是从图像中找出明显的特征——例如：同样亮度的边缘或轮廓，然后把这些特征组合成简单的形状。

这个过程听起来很容易，但要真正做到这一点还不太可能，机器人也只能做个大概的样子。比如说，可以把一个清晰

的、单色的、周围有明显边缘的形状当作一个物体。但是，很多东西的阴影看起来也是这个样子，但它们根本就不是物体。所以，机器人用户经常用散射光来消除物体的阴影，这样就不会让机器人把阴影和物体相混淆。有时还会在物体上投射"结构光"——这是光线的一种排列模式（就像阳光透过半开的百叶窗所得到的光线那样），光线排列模式的变形就能反映出物体的形状。

有些机器人只处理那些贴上机读标签的物体，这在工厂里是很方便的，不过，在别处可就不是那么回事了。

第三阶段：图像理解

这是机器人观察事物的最后一个阶段：解释代码，算出它到底是一个什么东西，这才是问题的关键所在。人类之所以能够辨认不同的事物，是因为人有智慧，对什么东西都有所了解。请先试着看一下下面的图像：

你很可能把这个图形看成是一个瓶子或是两张脸，当然你能判断出你看见的是什么。这是因为你对瓶子和脸都很了解，知道从不同的角度看它们各是什么样子。但是机器人会把它看成什么样子就得依赖机器人的程序了：如果它是被设计成与人交流的，那它就可能把图看成两张脸；如果它是专门搞内部装饰的，那它就会把图看成是一个瓶子。而如果这两种情况机器人都不沾边，那它就不知道这是什么东西了。

为了理解图像实际上究竟是一个什么物体，机器人就必须具有人工智能，它们需要具备以下条件：

（a）在大脑（或其他任何记忆区域）中存入各种物体的大量的信息。

（b）拥有能够算出物体从不同角度看各是什么样子的一套软件。

接着，它们就会飞快地将储存的信息与所看到的东西进行比较。

这还只是个开始。应该说，橄榄球是一种很容易辨认的物体，它的轮廓很清晰（不像火焰和云朵的轮廓那么模糊），也很简单，不论从哪个角度看，它的轮廓要么是圆形的，要么是椭圆形的，很少有周围的其他物体与它相混淆。但是要想让机器人说出"啊，我知道了，这是个橄榄球"，这几个特征还不够用。为了增加有用的信息，机器人还需要知道橄榄球是做什么用的——这就意味着它不但要知道如何打橄榄球，还要知道踢球时球怎么运动、怎么旋转，因此，机器人有必要拥有一个更大的信息库和速度更快的软件，这样一来问题就复杂了。

日本本田公司研制了世界上最昂贵、最复杂的一个机器人，它比科格更像人。无论是走路、爬楼、开门还是握手的动作，都与人非常相像。可惜它仍然没有自己的智能，它之所以看起来特别像人，是因为它有特别精致的平衡和反馈系统，能够执行复杂的指令。当它于1996年面世时，几乎所有的人都为之震惊，它发展到现在已经有好几个型号了，最新的型号叫阿西莫。

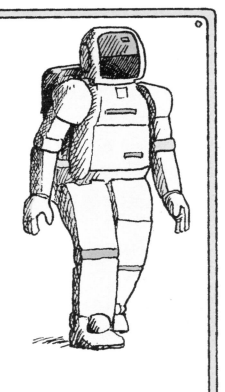

姓　名：本田P1/P2/P3/阿西莫

性　质：研究性机器人

外　观：人形

第一次公开亮相的日期：
1996年

特殊才能：爬楼梯、握手、操作物体，有三维视觉

弱　点：充一次电只能维持25分钟

使用者评价：它是目前世界上最高级的整装式（即自带电源和大脑）机器人

BEAM机器人

　　绝大多数高级的研究性机器人构造都特别复杂，它们内部都拥有速度很快的计算机。不过这里有一个与众不同的家伙，它甚至没有用到计算机。加拿大有一位叫作马克·蒂尔敦的机器人研究专家开发了一种"神经网"机器人，看起来特别像一个大昆虫。他的这种机器人（名叫小臭虫、VBUG和斯派得）使用简单的电子线路来控制腿部的活动。这个线路可以被用来尝试到利用各种各样的方法来解决一些特殊难题，比如，如何在十分崎岖的路面上快速安全地行走，然后从中选择一种最成功的方法。马

克·蒂尔敦博士的机器人与其他机器人相比造价非常低廉，这不仅由于他不使用计算机，还因为他所使用的材料都是一些废料，如报废的盒式录音机的马达、旧照相机的零部件等。这种机器人叫作"BEAM"机器人（即生物学、电子学、美学、力学★），现在每年都有一个机器人奥运会，在运动会上会有几个BEAM机器人比赛爬绳子、跳高、游泳以及摔跤。最近，蒂尔敦博士又开发出一个真人大小的机器人，它有着一个碟状的脑袋，名叫罗威。

人工智能的发展使得机器人不再需要人的帮助就可以做很多工作，在那些无人区域如外太空，机器人的作用与价值就显得尤为重要。

★ 有时候把"BEAM"解释成生物技术、进化、模拟和模块化。

太空机器人

　　按照媒体的说法，人类借助于机器人很快就会进入太空，自由地在不同星球上起飞或降落。在可以预见的未来，人类可以在星际间旅行，去天上看牛郎织女将不再是水中望月的事情。不过，人类在宇宙空间必须找到很多东西，他们需要热量、食物、饮料、氧气以及光、加速度，而且加速度还不能太大，否则就要"晕菜"了。

这儿有一个另类机器人……

　　而机器人到了外星球以后，它们有足够的耐心等上十几年以详细了解星球上的情况，它们也不会惧怕加速度，而且它们还不需要水、氧气以及人类所需要的其他东西，当然电还是必需的。所以，从这个意义上来讲，机器人比人类更适合在外星球上探险。而且到那时，机器人也会很便宜。虽然在1969年，人类把3个人送上天花了超过十亿英镑，而且到目前为止，留在月球上的也只有人类的足迹。但是机器人却已经踏遍了太阳系中除冥王星之外的所有星球，包括多次登上月球以及一些奇特的彗星和小行星，并且，与人类登月相比，其花费就少多了（这也只是相对来说，其中最高级的机器人代表团访问火星时也花费了2.65亿美元，但它却比一些好莱坞电影的投资还要少）。所以，说到去外太空探险，机器人是再合适不过的人选了。

就是这个原因吗？没有其他原因吗？仅仅只是因为我们更适合待在太空中吗？

　　嗯，是的，当然，另一个重要原因就是，把机器人放在外太空中，它们不会有任何抱怨，换句话说，机器人比人类更具有牺牲精神，它们为人类省下了大笔的金钱，人们也不必耗费巨大的精力去把它们接回地球。

　　原来机器人是这么适合去外太空探险，也就难怪美国国家航空航天局要下大力气开发高级机器人去为他们工作了。

　　目前已经有两种太空机器人问世，一种专门去遥远的太空探险，比如到月球或太阳系中的其他星球；另一种专门在近地的外层空间探险，一般是距地球几千千米（这也就相当于太空的一个角落吧）。

月球以及更远的地方

　　目前有3种太空探险机器人，它们是探测器、着陆器和漫游者。

探测器

　　这是一种精密的宇宙飞船，它能够很近距离地接触到行星（或是到距行星比较近的轨道上）、月球以及太阳系的其他星球。太空探测器需要靠火箭发射，需要靠行星的引力来完成太空旅行。我们之所以把宇宙飞船也归入机器人的一类，是因为飞船上配备了很多特殊的系统，如摄像机、雷达以及无线电接收机，这些设备有助于它们记录下在行星上发现的数据，而且不需要地面的帮助就能够调整这些系统。不过，从机器人学的角度来看，这些设备都还很原始，还没有配备一些更高级的设备如充气手和神经机械鼻等。探测器与其他一些更高级的太空探险机器人的差别就在于，它不着陆，只在空中飞行。

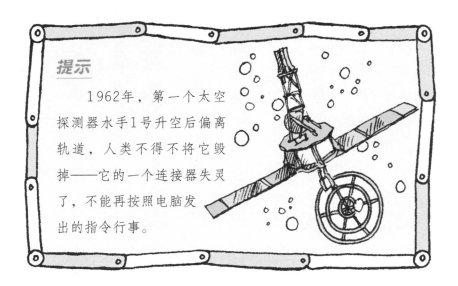

提示

　　1962年，第一个太空探测器水手1号升空后偏离轨道，人类不得不将它毁掉——它的一个连接器失灵了，不能再按照电脑发出的指令行事。

　　最有代表性的机器人太空探测器当属"先锋"10号和11号

以及"旅行者"1号和2号，它们在20世纪七八十年代都曾经去过太阳系中的其他星球，其中，"旅行者"系列探测器是最先进的。

它们携带有对可见光、紫外线及红外线很敏感的摄像机，还能探测到带电的粒子、磁场、宇宙射线以及奇特的宇宙气体（叫作等离子体）。它们使用放射性材料来保证能量供给，每个探测器都有16个小喷气发动机，向不同的方向喷气，保证它们能够向任意方向自由飞行。它们关注最多的还是那些巨大的行星，可以把观测到的影像用电子明信片的方式传回地球。

　　"旅行者"号目前仍在最远的行星之外的太空服役，偶尔会给地面传回一些信号。它们在太空中并不孤独，因为空中还有许多其他的飞行器。"惠更斯"号探测器目前也已经被"卡西尼"号太空船送入太空中，它的任务是去探测土星的一个奇特的卫星——泰坦。泰坦经常隐藏在厚厚的云层之中（云层中有大量的气体，这种气体与地球生物所需的气体相似），"惠更斯"号将测量那里的气温、风速以及气体的种类。那里气温很低，不适合人类居住，但是目前还不知道它在2004年在泰坦卫星着陆后会发现什么情况。

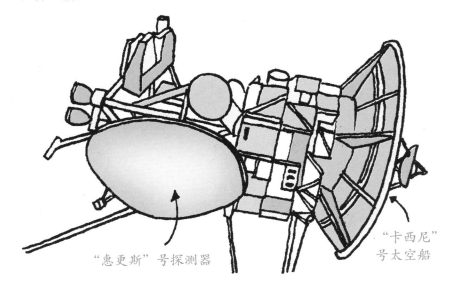

"惠更斯"号探测器

"卡西尼"号太空船

另一个"星尘"号探测器也于1999年发射升空，它的任务是于2004年访问一个名叫"狂野"2号的彗星。它将穿越这个彗星的彗发——这个区域都是尘土和气体，围绕着彗核搜集样品，并将于2006年1月把所收集到的尘土送回地球。还有一个探测器"深度冲击"号可能会于2005年访问"坦普尔"1号彗星，到时候这个探测器可能会在彗星上钻一个洞，然后带着它在彗星上发现的东西返回地球。

"星尘"号

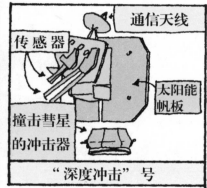

"深度冲击"号

着陆器

着陆器比探测器要更高级一些，它们一般都配备有各种机器人感官系统，包括摄像机和地震探测器以及能够"嗅"出一些化学物质味道的"鼻子"，一些着陆器甚至还有手臂，可以将行星上的东西捡起来。目前着陆器已经去过金星、月球和火星，现在最高级的着陆器是"海盗"号双子着陆器。

　　不，它们还不是最高级的。"海盗"号已经于1976年登上了火星，它们没有腿或轮子，所以着陆后只能待在一个地方，但每个着陆器都有一个电视摄像机，可以将拍到的图像传回地面，还有一条可伸长的胳膊，胳膊末端带有铲子和电磁铁（还有一把刷子，可以消除被磁化的物质）。

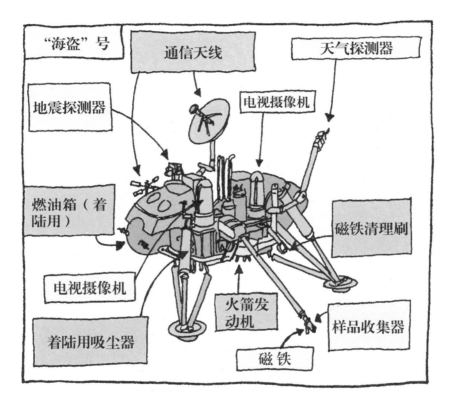

　　"海盗"号用带有铲子的胳膊挖一些火星土壤，然后将土壤样品溶解在不同的液体里。地面的科学家希望能够通过这些溶解的样品找到火星上有生命的证据，但是最终他们失望了。不过，也许这个结果不对，因为溶液里老是发出"咝咝"的声音，这可能是土壤里的生物发出的声音。但大多数科学家都认为，这种声音应该是由土壤里的化学物质引起的，而不是火星上的生物发出的。

撞击型机器人

还有一种机器人，属于半着陆半探测型，它们既不在行星上着陆，也不飞过这些行星，而是……

真是惨烈啊！但是它们经常在坠落的过程中拍到非常精彩的照片。

漫游者

漫游者就是装有轮子或是履带的着陆器，能够在星球表面四处移动着进行探测。迄今为止共有3个漫游者，其中两个登上了月球，一个上了火星。登上火星的那个叫作"索杰纳"，于1996年升空，经过 7 个月的太空旅行，到达火星，是个真正的机器人英雄，虽然它的样子看上去更像是一个滑板。

名　字：索杰纳

功　能：火星探险

外　观：63厘米长，28厘米高，六足机器人

发射日期：1996年

特殊才能：太阳能供电，装有立体图像系统，并且有可以进行简单决策以避免事故的足够的智能

弱　点：虽然它能够爬45度的斜坡，但是一旦翻倒，自己却翻不过身来

使用者提示：以前它叫"洛基"Ⅳ

阿尔法质子X射线分光计

可以让机器倾斜到45度而不翻车的摇臂

与地面通信的天线

电视摄像机

太阳能板

每个角的轮子可以独立转向

可以产生超强抓地力的不锈钢齿

保护电路的温箱

　　"索杰纳"面临的第一个挑战就是安全着陆——运载它的宇宙飞船到达火星的大气层后，以每秒钟7.6千米的速度飞行，它必须迅速减速，而此时，索杰纳的重量要比在地球上重40倍（在这种状态下任何航天员都不可能存活）。一旦它安全地着陆在火星表面，它就能依靠6个轮子自由走动，自动避开障碍物。它向地面传送三维图像，运用阿尔法质子X射线分光计分析火星上的岩石并用X射线轰击它们，测量它们受到轰击后的辐射以便确切了解它们是怎样形成的。

　　美国航空航天局目前正在加紧制造新的漫游者，"诺马"就是其中的一个，它身长1.8米，是专门为执行未来空间任务而制造的，它已经在南极洲通过了测试。它非常智能化，可以做任何事情——你给它发什么指令它就能做什么。它有一个手臂、一个摄像机和一台可分析出岩石样品成分的设备。如果你要找一些用它分析过的陨石，那就非常方便了。如果用真陨石和看起来像陨石的别的东西来测试它，它能成功地从中给你找出满满一桶真陨石来。

找到了！

提示

南极洲是一个非常适合测试火星探测器的地方，那里的谷地非常冷，到处都是岩石，气候干燥，不太适合或者说根本不适合人类生存，就跟火星表面一样。

因此，用机器人去空间探险非常理想。但这并不是说进行空间探险是一件非常容易的事，前去探险的机器人还要面对一大堆的难题。

难题一：时间延迟

在地球上，当机器人遇到棘手的事情时，它会耸耸它的钛质肩膀向地面的控制者求助。但是太空机器人却不能够这么做，它必须自己做出紧急决定，这是因为受两个因素的限制：空间和光。

来吧！

空间带来的问题是距离太遥远。从伦敦到纽约非常远吧，可是从地球到海王星的距离是它的50万倍。海王星是目前太空探测器光顾的最远的行星。这个距离可以说明，虽然光的速度是最快的宇宙飞船的几千倍，但是要从太空的一个行星到达另一个行星，即使是光速也需要一些时间。比如说，地球上的光要射到海王星上需要4个半小时。无线电波的速度跟光速相同，当机器人从那个行星上向地面求助时，信号至少要4.5个小时才能到达地面，地面发出的指令返回到机器人也需要这么长时间，这还不包括地面做出决定所花的时间。真要等这么长时间过去后，机器人恐怕早就陷入困境了。

现在，想象你自己就是一个机器人。

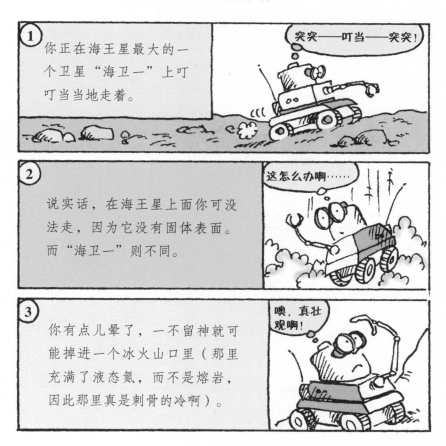

④ 一天，你正在以机器人特有的方式向一个冰火山进发。

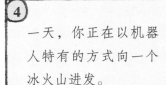

⑤ 你身上的摄像机中的图像传回地球……

⑥ 地面上的科学家非常兴奋地注视着你。

⑦ 你的摄像机将火山喷发的情况拍摄下来4个多小时后，信号就传给了地面并且——

⑧ 信号又经过了4个半小时后返回到"海卫一"上，这时你的身体已成为碎片散落在各处，因为你在这期间被冰火山喷发的巨大冲击力给撕碎了。

这一切都是触目惊心的。

　　不管科学家们如何努力，都不能使信号更快地到达比尔那里，因为信号的速度再快也快不过光速。所以，唯一的解决办法就是让自己去做决定，这比在地球上做决定然后再把命令发送给它要强多了。鉴于这一点，就需要使机器人有人工智能，就像"索杰纳"那样。

　　即使太空中没有突发性事件困扰着机器人，机器人在太空中的情况也不会很好：如果信号要很长时间才能到达遥控机器人，那么，在从机器人发送信号回到地球上，控制人员将控制信号再返回机器人的这么长的时间内，机器人只好处于程序设定的"报告和等待"状态。对于在火星上的机器人来说，至少要待在原地40分钟不动才能收到答复！对于地面上的操作者来说情况当然也没那么有趣，人们会发现，如果指令与机器人的反应这两者之间的时间延迟超过1/10秒，那么通过遥控的方式来移动机器人的手，将会是一件十分困难的事。这也就是说，人类想要控制太空机器人，哪怕是正在月球上的机器人，都不是一件容易的事。

难题二：能量问题

如果你问机器人它们对能源可以做点什么，它们就会说"——"。这仅仅是因为它们还不能够进行语音识别，所以回答不了。它们最喜爱的就是电，电能从哪里来，如何合理使用电能，都是一个难解决的问题。大部分的机器人都是从电力网上获得电能的，或直接用电池充电（所以，如果你是一个机器人，并且有杀死人类以统治地球的野心的话，至少一定要先让人类把能源留下来）。

采用电网供电是最好的方式，因为这样能保证能源供给充足稳定，除非是机器人要到远离电网的地方去工作，比如外太空。如果是这种情况，最好使用一个小小的原子能电池，放射性* 材料衰变产生的能量可以转换为电能。当然，也可以使用太阳能。目前，科学家们正在开发新的燃料电池，这种电池可以通过化学反应来提供电能。

机器人有了电能供应后，使用电能主要有两种形式：驱动电动机，向需要活动的关节* 输送压缩空气或是油。采用哪种形式取决于机器人所承担的任务：液压关节（里面是油）力量大一些

★ 放射性可能是强辐射，也可能是高能粒子流，或是两者的混合，它能够由一些材料自然释放，也可由人为地产生。
★ 能够使机器人活动的部件叫作动作器，这里所说的关节，实际上指的是动作器。

（但是噪声较大），气动关节（里面是气体）速度快一些、重量轻一些，电动关节精度要高一些。

大部分机器人解决能源问题的方法是自身携带一个电池，采用太阳能电池板来充电。最早的一个着陆器就是这样的。

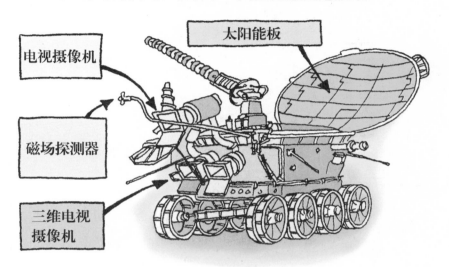

但是太阳能板很容易碎，而且还很笨重，在遥远的外太空或是在夜间工作效果不佳，也不能保证供应充足的能量，还容易沾染灰尘。使用太阳能的机器人如果其太阳能板上落满尘土，停在那里动不了了，就只能等待人类——或是另一个机器人——带着吸尘器或是充电器去救它了。

而且，太阳能机器人洗太阳浴（即用太阳能给电池充电）的时间还特别长。

> **提示**
>
> 　　要想完成一些像码放盘子之类的任务，机器人所需的能量是人类所需能量的100多倍，这就难怪机器人的电池只够用几分钟了。

难题三：自我修复

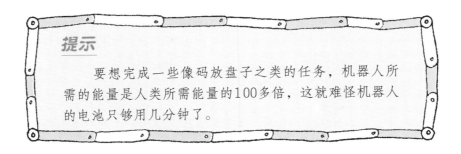

　　这是一直以来困扰太空机器人的最大的问题。绝大多数机器人（包括"索杰纳"）会因为身上某些关键部件出现故障而停止工作，即使是最先进的机器人在碰到这种问题时也只能束手无策。当然，我们人也是一样，生了病还得找医生呢。

噢，天哪，这把钻子不行啊！

WIZZZZZZZZ！

　　我们目前所能想到的办法是给机器人提供一套备用系统，使机器人在主系统出现问题时可以自动转到备用系统上继续工作。

难题四：意想不到的问题

除了以上那些机器人研究专家已经想到的问题——时间延迟、缺少能源、没有自我修复能力，太空机器人还会面临大量不能预料的问题，探测那些未知的行星更是如此。

比如说，1982年，当"温拿拉"14号着陆器到达金星时，按计划它要用机械手铲一些土壤样品，可是当着陆器抛掉自己的盖子时——这一步是它必须做的，不幸的事情发生了，盖子刚好落在了要取土样的位置上，造成手臂把机器盖子的样品取了回来，

而没有取回金星的土样。

啊……土样分析结果表明，这是一个由机器人碎片构筑的行星。

提示

　　机器人虽然很结实，可是金星更结实，没有任何一个机器人能够在金星那酷热的、强酸性的、高气压的表面待上超过1个小时。

　　也许有一天人类会登上火星——当然机器人还会先去打头阵的，为人类上火星作准备，不过，恐怕人类迈向外太空的脚步也就会停在那里，不可能走得更远了，至少在几十年之内是这样，因为人类上火星的费用就已经特别巨大了，要想再前往更遥远、更有趣的地方（如木星的卫星上），花费的时间和金钱就会更多，因为从地球到那里的距离比到火星的距离要远上10倍。所以说，火星可能是留下人类脚印的最后一颗行星。不过在几年之内，先进的智能机器人可能会踏上其他行星的土地，它可以带给人们身临其境般的感觉，就像是自己正在行星上行走一样，因为人类会把自己的感官与太空探险机器人的感官连接起来，以保证人们看到的、听到的、感觉到的就是机器人所"看"到的、"听"到的、"感觉"到的（这叫作虚拟实境系统）。

几种成熟机器人

为了让机器人能够在地球大气层以外的空间工作，人类设计了4种太空机器人，那就是：遥控机械手、机器人航天员、太空监视系统和机器人航天飞机。

遥控机械手系统

这是什么呀？长着8只眼睛，能够举起像小飞机那么大的物体，有两辆公共汽车那么长。

对了，这个遥控机械手就是一个长着手臂的巨大的机器人。实际上，这就是一个手臂，是世界上最长的一个机械手臂，长达15米，是从一台航天飞机上伸出来的。

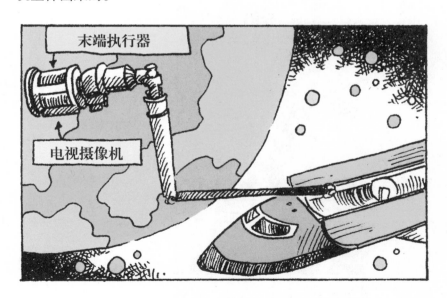

它被用来抓取卫星和其他太空物体，上面配有一个计算机，可以告诉它完成工作的最佳方法，还有8个摄像机、一件隔热的

闪光外衣、一套防冷的加热系统。如果出现故障，就把它抛掉，留在太空。

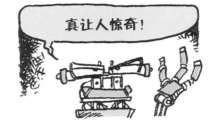

真让人惊奇！

机器人航天员

在美国航空航天局的大力发展之下，有智能的人形机器人已经可以应用到太空环境中了，例如：在空间站内部。这些都是根据人的身体而设计的，所以当那里没有人时，为了维护这些空间站，那些维修机器人最合适的外形就是人形。

机器人航天员

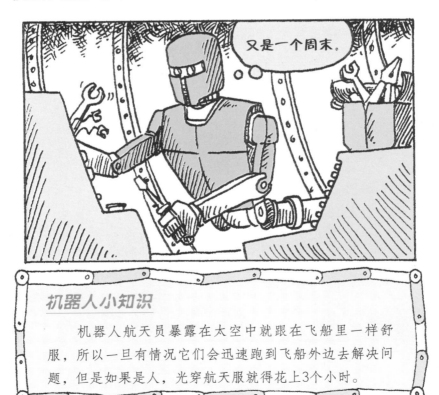

又是一个周末。

机器人小知识

机器人航天员暴露在太空中就跟在飞船里一样舒服，所以一旦有情况它们会迅速跑到飞船外边去解决问题，但是如果是人，光穿航天服就得花上3个小时。

太空摄像机（即自主式舱外活动机器人摄像机）是一种小型、精致、自带能源的球形摄像机，它装有氮气推进器，能在太空中游弋。它的直径约为35厘米，可以一直监视着空间站和航天飞机的一举一动。

机器人航天飞机

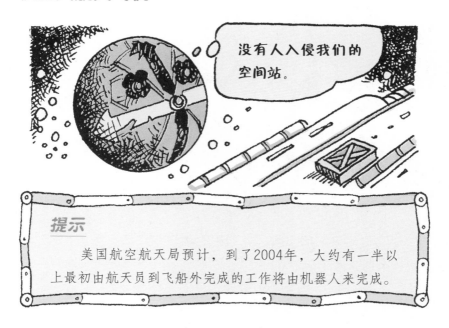

没有人入侵我们的空间站。

提示

　　美国航空航天局预计，到了2004年，大约有一半以上最初由航天员到飞船外完成的工作将由机器人来完成。

第一台机器人飞船要比太空监视器大得多，它于1978年升空，被称作"进步"1号。它的任务是到尽可能远的地方去工作。

那么它是在开愚蠢的玩笑，还吐了很多？

"进步"1号是苏联制造的宇宙飞船（或者叫航天飞机，电影《星空旅行》就是这么叫的），它可以自动地与苏联的空间站对接，操纵自身的火箭和减速火箭能控制飞行的轨道，与目标进行无线电联络为自己导航。它当时给空间站的航天员运送了一些橘子汁、一台新电视机和袜子。不仅如此，它还运用自身的能源把空间站送入了一个更高的轨道，所以说，它是个非常成功的机器人。

……作为对它的奖赏，苏联把它填满了垃圾，让它在太空中燃烧，最后落入了太平洋。

如果能够找到"进步"1号的残骸，那一定是下面一章要讲的机器人的功劳。

海洋机器人

你可能会认为，海洋里到处都是好玩的东西，充满了乐趣，唯一需要提防的就是水母。但是如果你再往深海走，你就会发现，原来海里并不是想象中那么好玩的：海洋深处很黑、很冷，而且随时可能出现突发事件，还有一些眼睛会发光、牙齿大而尖利的怪鱼。当然，海洋里也没有足够的空气供人呼吸，而且越往海洋深处走，水的压力就越大（在水下10米深处，水的压力是海平面压力的2倍，20米深处的水压则是海平面的3倍）。可是有一些作业必须在水下完成，如清理粘在船底的附着物、修复海底电缆、开采海底矿藏以及在海底勘探石油或天然气等。听了这些介绍，是不是让你觉得不像刚开始想象的那么有意思了？觉得有点危险甚至有些烦了吧？不过别担心，因为我们是不会让你去做这些事的，水下机器人会帮你这个忙。

目前，世界上大约有几千个水下机器人，它们承担着各种各样的工作。其中最简单的水下机器人甚至连胳膊都没有，它们与操纵者之间由一根电缆相连，因此，这种机器人只能用来进行水下检查，如检查水下管道、水下电缆等。稍微先进一点的水下机器人则拥有自己的能源系统和导航系统，能够被用来进行海底测绘，有些机器人还有手爪，可以被用来铺设海底电缆、探测矿藏以及实施焊接等。

水下机器人在海洋石油公司里很常见，一些核工业企业还利用机器人看守着海底的核反应堆，美国航空航天局还利用水下机器人取回航天飞机抛落到海中的火箭助推器。

令人称奇的是，第一台水下机器人竟然是在100多年前制造出

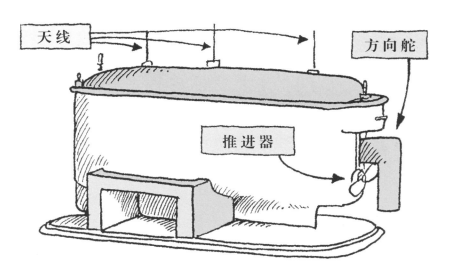

来的，这其实是一艘用无线电控制的潜艇，是一个叫尼古拉·泰斯拉的人制造的，于1898年在美国问世。

但是，真正先进的水下机器人直到几十年后才被研制出来，这是因为水底的情况错综复杂，即使是人也很难处理。第一台打捞（修复）机器人是为美国海军研制的，于20世纪60年代早期投入使用。1966年，有一个叫作"有缆控制海底修复车"1号（CURV1）的机器人曾经试图从1000米深的海底回收一颗丢失的氢弹，要是人潜到这么深的海底，恐怕早就被海水的压力挤成"馅饼"了。

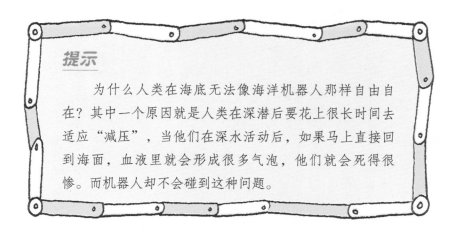

提示

　　为什么人类在海底无法像海洋机器人那样自由自在？其中一个原因就是人类在深潜后要花上很长时间去适应"减压"，当他们在深水活动后，如果马上直接回到海面，血液里就会形成很多气泡，他们就会死得很惨。而机器人却不会碰到这种问题。

到20世纪70年代，水下机器人开始被应用于输油管道的焊接，其中有一个比较高级的JTV-1水下机器人于20世纪80年代初在日本制成，它可以被遥控移动，并且用自身所带的电视摄像机看东西（如鱼群和水下管道）。不久，它就被升级为JTV-2，并且开始在南极探险，搜索奇特的海洋生物和海底电缆。像这样的水下机器人又被称做ROV（遥控操作潜水器）。

由于水下的情况复杂，像JTV-1这样的机器人不得不被加上一些特殊功能。

机器人王国

每月自动割草机

水下版

这里有一个即使是你最好的朋友也不会告诉你的秘密

很遗憾我们不能都用不锈钢做,你遇到过……

你遇到难以对付的生锈问题了吗?

把那些难看的锈斑统统去掉!

那就请买我们的防锈漆吧!

前10名购买者可免费喷漆两次,并获得一瓶润滑油。

压力让你感到难受了吗?

如果你感到自己承受的压力很大,那就请试用一下我们这款时髦的新型橡胶套筒吧

这些漂亮的六角形的东西能够把你的膝盖、肘部以及你的全身都严严实实地包起来。

这样的话,你就会感到既舒服又安全,水是绝对不会渗入到那些精美的装置里去的。

RoBoTs "R" Us牌橡胶套筒,是您最好的选择!

声明:你的人工智能芯片对于"时髦"和"漂亮"的理解可能会与我公司有所不同,若存在这种偏差,我们概不对由此产生的问题负责。

生锈的问题其实很好解决，真正对水下机器人构成挑战的其实是下面的问题。

水中通话

在水中通话比在空气中通话要困难得多，这是因为无线电波在水中不能传播，必须使用声波。但是声波在水中传播的速度很慢，而且传播的距离也很有限，不能携带很多信息。这对于仅仅在相互之间进行简单的交流的鲸来说是足够用的了，但对机器人来说就大为不妙了。

所以，在通常情况下，水下机器人要么浮出水面来用无线电与它们的控制者联系，要么就用一根电缆与计算机和人相连。有一个机器人叫作小杰森，它既能与海面上的船相接，也能与潜艇相接，它恐怕是它们那个圈子里最著名的一个了。

小杰森于1986年对泰坦尼克号进行了勘察，这艘著名的大轮船是一年前刚刚被一个名叫阿果的ROV机器人找到的。

名 字：小杰森

功 能：海底探险

外 观：盒形框架结构，前部有很多灯

问世时间：1986年

特殊才能：高机动性，能在水下极深处运行

弱 点：没有胳膊

　　小杰森可以系在船上，或者通过一根长80米的电缆系在一艘叫作阿文的潜艇上。由于它没有胳膊，所以除了可以看东西之外，它什么别的事也做不了。但是如果确实需要它去抓取一些东西，如从古老的泰坦尼克号上取回一些东西，就可以把另一个叫作纳克莱丝的机器人跟它捆绑在一起。这两个机器人于1989年又被派去从一条名叫伊丝的古希腊沉船中打捞一个古代的罐子。

名 字：纳克莱丝

性 质：水下机器手臂

外 观：一个带有手爪的长臂

问世时间：1986年

特殊才能：是小杰森的最佳拍档

弱 点：不能够单独使用

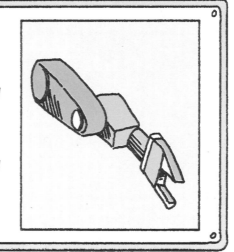

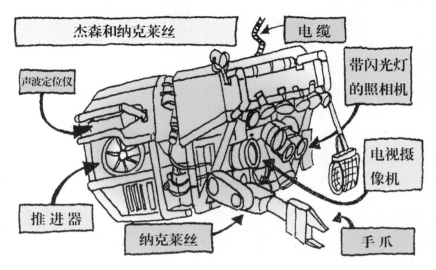

并不是每个水下机器人都有这么好的机遇去做这种冒险的工作，大多数水下机器人都只是被用来清理船底的附着物。如果你亲眼见过那些亟须清理的轮船的底部，你就能想象，要清理干净它是一件多么令人不愉快的工作啊。

他们说，"下海吧。"他们又说，"下海是很有意思的事呀！"

有一个海军的机器人叫MR3，它在水中移动的速度是每分钟2.5厘米。很慢，对吗？但是没有关系，它也有自己的长处，它能够自己完成任务，而不需要人来操作。你可以让它自己干活儿，而你则可以去做更重要的事情，比如提高你的泡茶技术什么的。

那种可以移动的机器人需要导航，对于地面机器人来说，有几种导航方式可供选择。

小知识：机器人导航系统

1. 那些在医院或是家里工作的机器人，在它们的存储器里有一张简单的地图，具有跟踪地板上的彩色线条或埋在地面下的金属导线的能力。如果地板太脏的话，彩色线条就可能会被遮盖住。

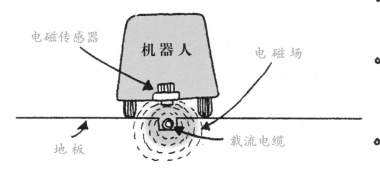

2. 如果机器人对场地还不熟悉（即没有在存储器中装地图）的话，它就必须用另外的方法来找到自己该走的路。一种比较简单的方法就是采用里程器和罗盘推算轨道的方法。当一个机器人在高尔夫球场完成任务后，可以通过测量它所走过的距离（如计算它的车轮转数，或是把它的速度与行驶所花的时间相乘），找到回家的路。当然，如果有人在球场中途把它拎起来离开地面，那可就乱套了。

我现在正在杂草丛中。

里程器和罗盘推算法也能应用于水下机器人，只不过会有些困难，因为水下机器人周围的水总是流动的，它们无法精确地测出自己真正的行驶速度。

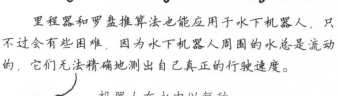

机器人在水中以每秒3米的速度行驶……

水流以每秒1米的速度朝相反方向流动……

陆地　水

所以说机器人相对于陆地行驶的速度是每秒钟3-1=2米

3. 为了让机器人准确地知道自己所处的位置，最好的方法就是给机器人安装一套全球定位系统（GPS），从卫星发出的无线电波信号可以让机器人体内的电脑找到自己所处的位置，误差在几米范围之内。对于那些不能与潜艇相连接的水下机器人来说，GPS显得尤为重要，但是GPS只有在机器人处于水平面以上时才能发挥作用。

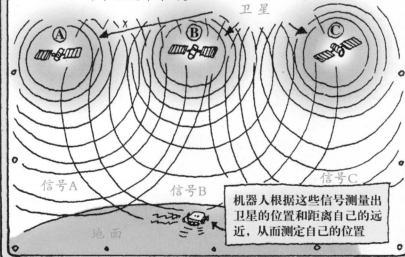

卫星

信号A　信号B　信号C

机器人根据这些信号测量出卫星的位置和距离自己的远近，从而测定自己的位置

地面

所以，如果配备了导航系统和能源，水下机器人即使不挂在艇上也能够独立完成任务。这些可以在水下自由活动的机器人被称为"自主式水下运载装置"，即AUV。

英国南安普敦海洋地理中心研制了一个叫作"自动潜水器"的AUV，它所携带的7个汽车电瓶足以让它行驶70千米，还有一些传感器能够告诉它周围所发生的事，姿态传感器可以让它检查自己在水中的姿态，压力传感器可以测出它所处位置的深度，高度传感器可以测出它距海床有多远。有了这些装备，机器人就能够绘出海底的地形图了。人们给"自动潜水器"派发的一个任务就是监控全球变暖对南北两极冰盖下部的影响。

自动鱼

鱼在水中游动的方式要比我们所知道的推进器、船桨有效得多。那么鱼儿是如何做到这一点的呢？这个秘密到目前为止还没有被完全揭开。鱼儿们看起来肌肉也没那么发达，怎么就能游那么快呢？（这一点真是挺奇怪的。所以这个秘密又被人们称作"格雷的潘多拉盒子"。这是以动物学家格雷的名字命名的，他于20世纪30年代发现，海豚游动速度特别快，但看起来它们身体所具有的能量只有达到那种速度所需能量的1/7。）为了弄清这个问题，人们制造了机器鱼，第一条机器鱼是一只机器金枪鱼，于1994年制造。后来就出现了各种各样的机器鱼，甚至还出现了机器龙虾。目的是想弄懂它们的生存之道以及探索出一种在水中移动时更节能的方法（目前的研究显示，要达到同样的速度，机器鱼所需的能量是螺旋桨所需能量的一半）。

你叫富兰克鱼！

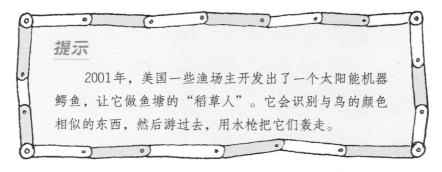

提示

2001年，美国一些渔场主开发出了一个太阳能机器鳄鱼，让它做鱼塘的"稻草人"。它会识别与鸟的颜色相似的东西，然后游过去，用水枪把它们轰走。

目前，人们还计划制造一些已经灭绝的海洋生物的电子版，把它们放在动物园里供人观赏。现在人们已经能够从市场上买到机器海蜇宠物，它可比真海蜇要好养活多了。它能够发光、跳舞，能够互相交流，可以对人的声音产生反应，而且从不会蜇死人。

水下的世界虽然不太适合机器人工作，但它肯定要比让机器人工作的其他一些地方舒服一些，这些更让人难受的地方我们将在下一章讲到。

危险作业机器人

警告：如果你们家的机器人有点神经质，那么，千万别让它读这一章。

　　有时候人们使用机器人，并不是因为它们有多强壮、多结实，或是防水性能多好，而是因为它们具有牺牲精神。如果让你选择让一个人还是让一个机器人去一个可能最终会死无全尸的地方工作，毫无疑问你首先会选择保护人类。而在现实生活中，就有很多这样的工作需要机器人去完成。

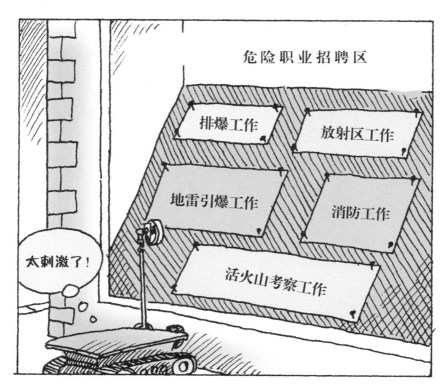

对于机器人来说，有些危险根本就是"小菜一碟"，如寒冷或是空气稀薄。但是，通常情况下，对人类有害的东西同样也对机器人有害，如大火、爆炸等。更为重要的是，高危作业机器人必须比工业机器人和家用机器人性能更可靠，因为一旦它们出了故障，人是很难到它们所处的作业环境中去修复它们的。当然，机器人的大脑可以与身体分离，两个部分可以相隔很远，这样至少在它们出故障时可以对它们的大脑进行修复（在最坏的情况下，机器人的身体可能就会……而大脑还可以再利用）。

能在高危环境作业的机器人面世的时间还不是很长，因为这种环境的确是很不好对付的，那里危机四伏，不可预测，情况复杂，到处都是绊脚石。所以机器人必须有足够的智能，能感知作业环境才可以上岗。不过现在，科技已经发展到能够解决这些问题了。

抗辐射机器人

核电站中的放射性环境是机器人最好对付的一种工作环境，因为不太强的辐射根本不会对它们造成任何威胁。不过，需要提醒注意的是强辐射对机器人是有影响的，像切尔诺贝利核电站发生核泄漏事故后，被派去处理现场的机器人大部分都被强辐射破坏了。相反的，很多太空机器人却拿放射性物质当早餐呢（见第98页）。

如果人类长期暴露在放射性环境中，他们就会以各种各样可怕的方式死去。有的被烧死，有的患上放射线病或癌症。正因为如此，机器人首先被应用于核工厂（见第16页）。现在，机器人已经能够自由出入核反应堆的核心区域，在核辐射区巡视，从而确保离核工厂较近的其他工厂能够处于安全状态之中。英国的原子能机构就使用了"毛虫"式机器人为他们工作，它们叫斯派德

哟嚯！

和罗曼，还有一种巨大的机器触手叫作"林克斯"，它能够探入核反应堆的内部。

林克斯

监视器

混凝土防护层

末端执行器

世界上最危险的辐射地区之一就是乌克兰的切尔诺贝利核电站，它在1986年发生了一次非常严重的核泄漏事故。由于建筑物的倒塌和毁坏，放射性材料大量地散落在外面。由于环境高度危险，因此没有人敢进入电站进行修理。所以，从1999年开始，人们就用一个名叫先锋的高危作业机器人对倒塌区域进行探测，并绘制三维电脑地图。先锋还测量出了该地区的辐射和热量水平。它配备有一个手爪和一个推铲，以便能够清除瓦砾。它是以火星探索者——"索杰纳"（见第92页）为原形开发出来的。

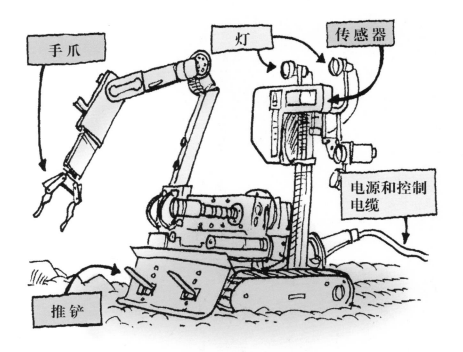

手爪

灯

传感器

电源和控制
电缆

推铲

排爆机器人

爆炸物处理机器人于1975年问世，首次投入使用是在北爱尔兰。到目前为止，排爆机器人还全部都是玩偶式机器人或遥控机器人，因为很多人都认为，让它们在处理炸弹时自作主张多少有些靠不住。

第一台排爆机器人叫作"手推车"，它通过向爆炸物开枪来销毁它们。它配备了电视摄像机，能够把处理爆炸物的现场图像传回给它的控制者。

"手推车"是靠履带来向前移动的，能够爬楼梯。全世界已经售出了好几百台"手推车"，它们的任务都是去处理爆炸物。最近又制造出了一种体积更小的排爆机器人，能够装在汽车的行李箱里。其中有一个小机器人叫作霍伯，它有一只能够伸长的胳膊，带有一个手爪，可以捡拾可疑物体并把可疑物体放到安全的地方去。

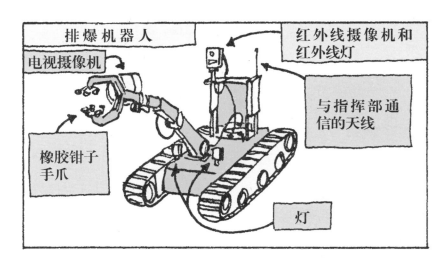

提示

　　人们有意把排爆机器人的胳膊设计成容易折断的，这样，一旦炸弹发生爆炸，机器人的整个身体被炸碎的可能性就小多了。

它现在没胳膊了。

高温机器人

　　机器人除了处理人为的灾难外，还能用来对付自然灾害。而自然灾害有时并不会比人为的灾难引发更大的惊慌。

　　现在已经有可能对火山的爆发时间进行准确的预报了，不过，前提是必须有个什么家伙在火山口进行实地测量，做这项工作只能是人或……

　　像丹特这样的机器人，它有8条腿，是遥控机器人。它是以一本关于地壳火山活动的书的作者名字命名的。

名字：丹特

性质：火山探险机器人，高2米多

问世时间：1994年

特殊才能：8条腿可以让它在陡峭的岩石上爬行

外形：巨型蜘蛛

弱点：必须有安全缆绳

使用心得：如果它下到南极洲火山口中6米处时缆绳突然断了，那可就惨了

它的下一个型号叫作丹特2号，丹特2号爬遍了阿拉斯加的所有火山，并测量了从火山口释放出的气体的温度。

糟糕的是：

让人高兴的是：

令人伤心的是：

消防机器人

　　机器人消防队员目前应用得越来越普遍，每年都会有一次机器人消防队员的比赛，火警一响，它们会进入一个大房子，尽快找到起火处，然后把它扑灭。机器人绝对可以成为优秀的消防队员，因为它们不需要呼吸，可以用超声波透过浓烟"看"清物体所在的位置。它们也不太怕热，但是不能太热，否则它们身体里的电路系统就会熔化掉，所以消防机器人必须保证身体的凉爽，就像人类一样。凉水可以通过管道系统，浇遍它们的全身表面，凉水蒸发时会带走它们身上的热量，这样身体就会凉下来。消防机器人还可以对付浓烟和灰尘，它们可以把空气从任何可能的开口处吹进去。

　　但是，即使是最"棒"的机器人在处理问题时也会受到一定的限制，因此它们必须运用自己的"脑力"：智能机器人消防队

员可以在危险区域找出一条安全的道路，既能让它们不太热，也能保持较快的行动速度。

最近有一个叫"机器虫"3号危险作业机器人，它有8条腿，可以爬墙，可以运用超声波在浓烟中找到逃生之路，并且配备了一个手臂和一个灭火水龙头。目前，它已经被用于真正的灭火救灾现场了。

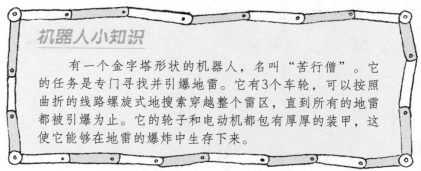

机器人小知识

有一个金字塔形状的机器人，名叫"苦行僧"。它的任务是专门寻找并引爆地雷。它有3个车轮，可以按照曲折的线路螺旋式地搜索穿越整个雷区，直到所有的地雷都被引爆为止。它的轮子和电动机都包有厚厚的装甲，这使它能够在地雷的爆炸中生存下来。

探味机器人

人类的鼻子是很有用的，能够让我们闻见新鲜的烤面包味、雨水中的泥土味以及放在桌子抽屉深处的馊了的牛奶味。大多数机器人做自己的工作倒不需要闻什么气味，所以人类也不给它们安装机器鼻子。不过，对于危险作业机器人来说，则是一项十分有用的技能，因为它们可能会被派去探测烟、炸药、放射性气体以及沼气（如果你在母牛屁股后待过，你就可能知道沼气是什么味儿）等等。

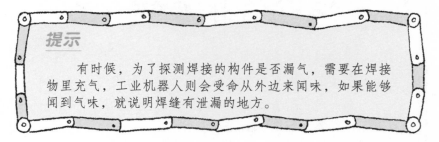

提示

有时候，为了探测焊接的构件是否漏气，需要在焊接物里充气，工业机器人则会受命从外边来闻味，如果能够闻到气味，就说明焊缝有泄漏的地方。

就像触摸和观察一样，要想让一个机器人回答一些特定的如"那个东西的表面是不是平的？""刚才我撞墙了吗？"或者是"那种烟味我能闻吗？"之类的问题，不是什么困难的事情。这就是探味机器人从事的工作——它只需要闻闻气味，简单地回答"是"或"不是"就可以了。

小知识：气味分析

1. 有一些气味很容易辨认出来：

2. 很多复杂的机器鼻子是由几十个单独的传感器构成的。每个传感器都有一个表面涂有一种特别化学物质的细长片，每一种化学物质都会吸收一种特定气体的分子，一旦吸收了这种气体的分子该化学物质就会膨胀起来，细长片的电阻就会随之产生变化。因此，只要测定经过每个细长片的电量，就能够识别出气体分子与化学物质发生反应后产生的化合物，进而识别出是哪种气味。高级的机器鼻子甚至能够将绿薄荷和胡椒薄荷区分开来。

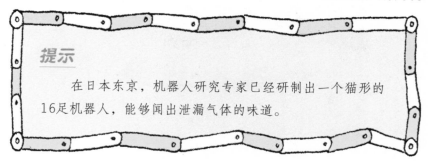

提示

　　在日本东京，机器人研究专家已经研制出一个猫形的16足机器人，能够闻出泄漏气体的味道。

　　最新的一个危险作业机器人叫俄比，它没有手臂或手，但挺野的，借助履带它能够爬楼梯或越过瓦砾。它配有激光测距仪，能够精确地测出距离。通过激光束扫描，它能够绘制出所处位置的三维地图。它同时还有一个特殊的"环视镜"，可以让它同时看清四周的事物。它还很结实，从二层楼上摔下来也不会坏，如果摔下来时是背部着地，它还能自己翻过身来。

俄比

可以看见三维影像的双眼

　　设计俄比的目的是要让他去探查一些危险区域，如被炸弹、灾害等毁坏的地方。有些毁坏甚至是俄比的捣乱的同事造成的。这种捣乱的机器人我们将会在下一章讲到。

机器人战争

作战机器人的样子有点像电影《终结者》中的那些东西——它们特别先进，发起疯来不可阻挡，性情凶残，眼睛闪着凶光，每杀死一个人都会怪叫一声"没问题哟"。其实真正的作战机器人不是这样的，也许永远不会像这个样子，因为要制造这么结实这么禁打的机器人花费特别巨大。当然，想制造便宜的机器人也很容易，让它们死掉也不是难事。实际上，设计一些作战机器人的目的就是想让它们毁掉自己——它们有的会被从飞机上投下来，当它们着陆时，会爬到一些地方去干坏事，然后找到目标后就和对手同归于尽。

设计作战机器人这一想法起源于很多年以前，1924年，人形机器人战士诞生。1939年，美国纽约展览会上有一个重达半吨、高2.8米，采用无线遥控的作战机器人向来访者致敬，它有胳膊和腿，拿着金属棒，释放出让人窒息的气体。

现在，机器人参与战争的情况越来越普遍，

一些电视作品中经常会表现这种事情，如《机器人大战》《战斗机器人》等。这种机器人通常被叫作"美丽的仇恨机器"、"巴什军士"之类的名字，当然，还有一个特别要人命的"杀戮爵士"。

名 字：杀戮爵士

性 质：玩偶式战斗机器人，是电视连续剧《机器人大战》中的角色

问世时间：1998年

特殊才能：它有一把长矛、一把钳子手爪和一个8马力的液压泵

外 观：身披装甲，有尖尖的钉子

弱 点：每小时只能移动13千米，所以你别担心会被它逼得走投无路，你很容易就能逃脱它的追赶

使用心得：比较结实、敏捷，所以能够快速旋转，把机器人扔出竞技场外

火焰喷射器

液压切割臂

在现实生活中，主要有两种作战机器人：间谍和战士。我们先从由电脑控制的间谍讲起吧。

掠夺者

类　型：遥控监视飞机

长　度：8米以上

翼　展：将近15米

最长飞行时间：40小时以上

开始服役日期：20世纪90年代早期

备　注：在海湾战争中执行过128次间谍飞行任务

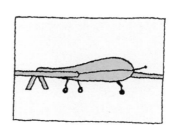

全球鹰

全　名：全球鹰高空无人驾驶航空器

类　型：无人侦察飞机

首次试验飞行时间：1998年

备　注：

▶ 用可见光、雷达或红外线，在1个小时之内可以从20千米的高空绘制出4000平方千米范围内的地图

▶ 只能认出直径30厘米以上的物体

▶ 一旦确定了要到达的目的地，它就能找到最佳航线，避开恶劣的天气，以不确定的方式飞行，从而避免被跟踪

赛 弗

类 型： 圆形飞行
机器人，能够在空
中盘旋，通常3个
以上编成一组，相
互之间和与基地之

间用无线电通信（这种编组叫作多功能安全和监视任务
平台）

尺 寸： 1.8米

首次试验飞行时间： 1997年

装备：

▶ 电视摄像机，对光和热都很敏感

▶ 激光测距仪

▶ 灵敏度很高的微型话筒

备 注： 赛弗在给基地发送无线信号时，会尽可能地减少
发信号的次数和缩短内容，这样它被探测追踪到的机会就少
一些。它的程序可以让它在向基地汇报前自行判断哪些东西
听起来或是看起来比较可疑，然后向基地汇报并自动监视其
行踪

133

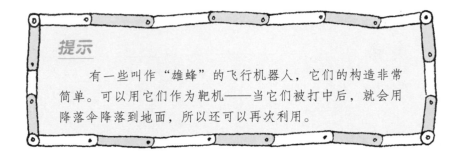

提示

有一些叫作"雄蜂"的飞行机器人，它们的构造非常简单。可以用它们作为靶机——当它们被打中后，就会用降落伞降落到地面，所以还可以再次利用。

微型间谍

大多数机器间谍面临的一个大问题是它们很容易被发现。由于人们不断地努力改进和完善，很快就有了不容易为人觉察的特别小的机器间谍，它们只有几毫米长，并且还配备有照相机和微型话筒。

为了加快微型间谍机器人的行动速度，使它们更快地到达目的地，有必要教会它们像它们的身材大一些的"表兄"那样飞行。因此，很快就又出现了像飞虫一样的机器虫子。有一种正处在研究阶段的机器虫子，学名叫作微型机械飞虫（MFI），它的个头只有苍蝇那么大，预计将于2004年正式推出。其他种类的MAV（微型空

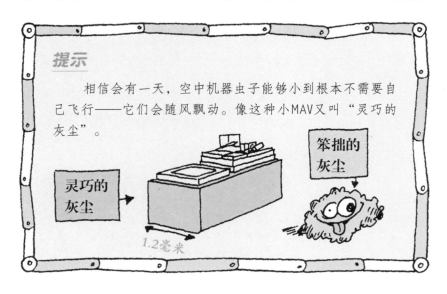

提示

相信会有一天，空中机器虫子能够小到根本不需要自己飞行——它们会随风飘动。像这种小MAV又叫"灵巧的灰尘"。

灵巧的灰尘 ➡

笨拙的灰尘 ⬇

1.2毫米

中飞行器）都是靠小螺旋桨或是微型直升机旋翼来飞行的。

隐身机器人

　　作战机器人要想不被探测出来，有很多种方法。毕竟，它们与人类相比具有更大的优势——它们不像人类身上有气味，而且它们不干活儿时身体不会产生热量，所以警犬和热探测器都不会发现它们。为了让它们隐藏得很好，它们可以刷上与叶子颜色一样的漆，就像战士的迷彩服；更为奇特的是，还可以给它们安装上灯，当它们在地平线上时效果特别明显，因为如果安上了灯，它们就可以把灯光调得跟背后的天空一样亮，这样就能融入背景中，不会特别显眼了。在自然界中，有一些鱼儿为避免被游在自己身体下方的捕食者发现，也具有这种技能。

　　并且，由于机器人能够做成各种各样的形状和大小，它们几乎可以装扮成任何事物……

作战机器人

到目前为止，人们还没有完全信任或依赖机器人，因此也就没有给它们配备武器，这样可以防止机器人寻衅滋事。虽然排爆机器人有时会配备散弹枪，但是人们从来都不会让机器人有控制这些枪的权力。有一些机器人配有麻醉枪，还有一些机器人则配有特殊的黏性泡沫剂，可以向人喷洒这种黏性泡沫剂以使人们动弹不得。

最新的一个作战机器人叫作"钉子"，它是一个机器人坦克，约有1米长。它的移动速度可以达到每小时25千米，所以它能够很轻松地追上人。它打开门的方式虽然简单但却很有效……

它还能够向人们发射爆炸弹。

机器人小知识

　　黎明是一个试验性的作战机器人，它配有适用于各种场合的附件，如：

1. 撒向人的大网

2. 带电的表面，好让那些试图袭击它的人们远离它

3. 带有圆盘锯的胳膊，可以切割金属门

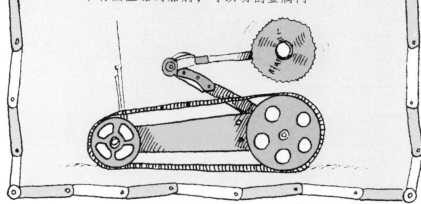

武器机器人

　　一些机器人不用配备武器，因为它们本身就是一种武器。

　　巡航导弹是到目前为止仍然在役的最致命的战争机器人，它

们一般都是远距离、低空飞行的、能够自动寻找目标的炸弹，能够很精确地命中目标，还能够在实施打击时传回视觉信号和雷达信号。它们具有最先进的导航系统，行踪飘忽不定，所以很难被拦截。

2000年，另外一种自毁型的战争机器人问世了，它是一种机器手榴弹，叫作"西瓜跳行者"。它像半个柚子那么大，可以滚来滚去，直到能跳起来。它能跳6米高，携带的燃料足可以让它跳上100次。另一种相类似的机器人叫作"投掷机器人"，之所以这么称呼它，是因为……

对了，它能够被人投掷或者发射出去，然后它就会奔向目标，当它发现敌人就在附近时，就会引爆自己。

未来战士

人们有很多理由认为，未来会出现很多战争机器人。真人士兵虽然也勇敢忠诚，但他们往往都有求生的本能，会自然而然地躲避袭击。但是机器人战士则不会这样，所以它们可以干很多危险的事情。

机 器 人

你的祖国需要你！

如果你是一个爱冒险的年轻机器人，正在寻找具有挑战性的事情，为什么不去做一个战争机器人呢？

如果你适合做下面的某种工作：

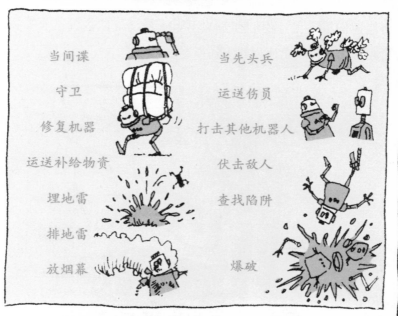

当间谍　　　　　　　　　　　当先头兵

守卫　　　　　　　　　　　　运送伤员

修复机器　　　　　　　　　　打击其他机器人

运送补给物资　　　　　　　　伏击敌人

埋地雷　　　　　　　　　　　查找陷阱

排地雷

放烟幕　　　　　　　　　　　爆破

**那么就请加入我们，一个激动人
心的未来在等待着你！**

　　这种类型的机器人大都是两面派——事态平静时，静静地待着不动；事情不妙时，就受到遥控。

　　未来战争总有一天会完全机器人化，但是在这个时代到来之前，机器人战士会和真人战士并肩作战，就像以下那种机器人那样：

便携式机器人系统（MPRS）

　　MPRS是一种由真人战士携带的小型机器人，当战士被派往一些地方（如阴沟）去检查而他们又不愿意亲自动手时，机器人就会挺身而出。它配备有照相机，前后移动都很自如（当无处转身时，这一点就很有用）。它能够自动绕开障碍物，可以在水下活动。它们一般都特别结实，因为战士大多比较粗心，不会好好保护这些小东西。战士在开始使用机器人时很可能会把它掉进一个大洞里，但是很快他们就会和它成为好朋友，拥有这么一个机器人会使他们很满足。他们唯一的不满就是没给这些机器人配备杀人的武器，一些战士还为此感到很不高兴。

　　为研究机器人提供基金的大多数是军方，这也就是为什么说作战机器人会有辉煌明天的另一个重要原因。至于这个趋势究竟

是不是人类所希望的，目前还没有定论。也许是——如果未来战争只有机器人参加，战场上就会少死很多人，可是谁又能知道，一旦机器人军队打赢了战争后，它们还能干出些什么事情来？很可能就该灭绝人类了吧。

制造一个机器人杀手很容易，但制造一个能够为人进行治疗的机器人却很难。尽管很困难，但也确实已经有了这种机器人……

计算机化的医生

目前，有很多作品都是有关虚构的半机械人的，像伯格、机器警察、达利、计算机人等。也许你还记得史蒂夫·奥斯汀，他就是鼎鼎有名的"600万美元先生"。

所有这些家伙都是半人半机器，都很威猛。这种机器离现实生活还不算遥远，不过，要说到它们的祖先，那就得追溯到很早很早以前了。

早在1509年，失去手的武士会被安上机械手，机械手里边有棘轮，一旦手指头被什么东西缠住了，可以不错位，拨动一个小杠杆就可以把手解脱出来。到了18世纪，还出现了机械腿，其中有一种机械腿，一旦主人走动的话，它就会发出特别大的响声，

你很难看出真假腿的差别！

轰隆隆！
梆！
乌拉！

这样就让人有些难受了。

当然，这些机器还都算不上机器人，但它们开创了肢体受

伤后安上假肢的先河。在后来的几个世纪里，人造假肢变得越来越轻、越来越舒服、越来越逼真，到了20世纪中叶，还出现了有动力的假手。这种自动假手一般都使用压缩空气或者电动马达，好让人们很轻松地张开或握紧假手。最近，又出现了一种自动人造腿。

刚开始时，这种动力假肢跟真的一样强壮有力。到了1966年，又出现了一种叫作"强人"的机械身体，它比真人的身体还要有力。用户必须先爬到"强人"里，然后"强人"就可以模仿人的动作去做运动，不过力量却大多了。人们计划用"强人"来盖仓库或从事其他的建筑工作，"强人"的不足之处在于它很容易失控，在工作中很容易打伤人和周围的东西。但不管怎么说，这种普通的机器人已经开始接替人去做大量的适合它的工作了。

"强人"还有一个不足之处，那就是它只能重复着它内部的用户所做的身体运动。而真人的身体都是按照大脑发出的指令来活动的，能够做到这一点的机器人直到20世纪80年代早期才被研制出来。1982年，一个全身瘫痪的人成为第一个使用这种方式控制假腿实现行走的人。

143

小 知 识：人与机器的连接

1. 一些人工肢体是直接靠用户剩余的肌肉来控制的，用户戴着一个能感知肌肉运动的甲套，附在甲套上的电线将动作信号从甲套传给假肢。虽然人们要花很长时间来适应这个假肢，不过，这种假肢却很轻便，而且比较便宜。同时，人的肌肉会感受到假肢上的阻力，会让人们感觉到假胳膊拿起的物体的重量。这种用人的身体来控制的肢体也很结实，能够在潮湿或肮脏的环境中发挥作用。

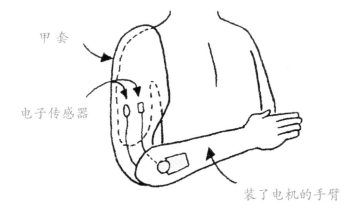

甲套

电子传感器

装了电机的手臂

2. 还有一些人工肢体装了对微小电信号很敏感的传感器，人们就是用这种信号来控制自己的肌肉的。大脑先把信号传给神经，肌肉就会收缩或舒张，以示反应。在人工肢体中，传感器会捕捉到这种信号，并且启动马达。虽然这种假肢很难制造，目前仍处于研发之中，但它使用起来的确非常方便。使用这种假肢的人最终会觉得它就像真的肢体一样。

但是人不仅仅只是能够活动自己的肢体，而且还能从肢体上感知一些信息。不管你是一个机器人还是一个真人，如果你的手不能告诉你该怎样握住手中的鸡蛋或别的什么东西，你就不可能知道该使多大劲，劲小了握不住，劲大了可就……

从人工手上反馈回来的感觉比真手要差得多，要改进它的这种缺陷，必须给它安上一个压力传感器（见第51页）。传感器感受到的压力越大，它产生的电荷也就越多，电荷放大后再传给人剩余的真肢体，就能让人产生刺痛感，这种感觉跟受到轻微的电击一样。经过一段时间的练习，用户就能够根据刺痛感的强弱来判断出假手抓握力量的大小了。

机器人外科医生

由于机器人的动作特别精细，末端执行器非常稳定，所以让机器人在一些外科手术中主刀远比真人要强得多。有一个机器人叫作"神经伙伴"，已经做了2000多个脑部手术，另一个"机器人医生"已经参与了5000多个髋骨置换手术。

机器医生在工作

在进行腿部手术前，腿骨上通常要嵌入3个钉子，然后要用X光机从不同的角度照相。

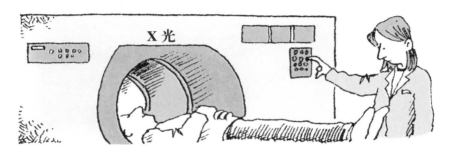

这时，电脑会将这些X光图像转换成腿骨的三维图像，上边可以清晰地显示出作为标记的那3个钉子所在的位置。

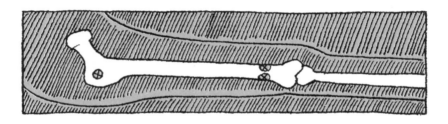

接着，这幅三维图像又被送给"机器人医生"的电脑，真医生也用它来计算出需要切掉的骨头的具体形状。

病人的腿被固定住，用轮子走动的机器人医生则会被锁定在适当的位置，它探测出这3个钉子的确切位置，运用三维图像精确地计算出需要切割的位置。

在"机器人医生"的机械手上安装一个特殊的小钻子，按照已经算出的图形钻成那个形状，这时候真人医生就会亲自上手，塞进新的髋关节。

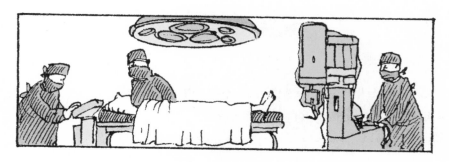

尽管机器人外科医生非常灵巧，但在手术前它们还是需要真人医生给它们打开手术部位——这个创面恢复起来要比手术本身花的时间长得多，但是……

提示

有一个叫作克利奥的混合式机器人，它正被用于研究如何治疗疾病，方法是把它安在病人的肠子里。这种机器人大概长3厘米，带有传感器，能够探测到光和热；触须能够感知障碍物的位置，还有一个履带和一个爪子。它能够进入人体内，由医生在外边用操作杆进行控制。将来会有一天，克利奥会被用来切除患病组织，然后用一根管子把切下来的组织吸走。

是香肠吗？
嘻嘻！

由于克利奥个头还不够小，所以还不能深入到人体的其他部位，如静脉中，但是肯定有一天会出现一种更小的机器人，能够通过皮下注射进入到人体中，甚至可能小到人们用肉眼都很难看见。

纳米机器人

100多年以前，不少科学家还不相信原子和分子的存在，也不相信所有物质都是由这些极微小的粒子构成。可是现在科学家们已经能够将一个个原子、分子分开或是"粘"在一起，甚至能够用它们"粘成"一种小人，真的很了不起。那么，如果这些小人真的能走，那会是一种什么样的情形？现在，人们正在研制一种类似于这种小人的机器人，它们看起来更像是一套齿轮和轮子，而不太像人。它们的名字叫作"纳米机器人"，因为它们只有几纳米大小（纳米是一米的$1/10^9$，这也就是说一茶匙可以装下几十亿个纳米机器人）。

要想造一个纳米机器人，你必须将很多原子粘在一起。如果这些原子的直径不足10纳米的话，做到这一点还是很容易的。

有一种仪器叫扫描隧道显微镜（STM），上面有一个特别尖的尖端，可以用它来"看"原子，还能抓着原子动来动去。

原子粘合在一起就可以形成各种各样的形状。1990年，国际商用机器公司（IBM）的科学家们运用STM，将35个原子排列在一起组成了IBM的形状。从那时起，科学家们相继制造出了一些电子元件（如导线、晶体管）以及一些机械零件（如杠杆和齿轮）。此后，他们将制造纳米工厂所需的机器，以便用来成批生产纳米机器人。

纳米机器人

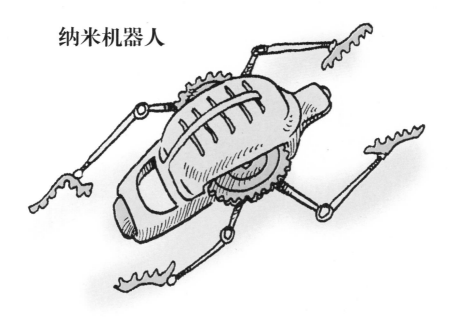

纳米机器人还可以配备小钉子和刀子，能够清除动脉和血管中一层一层的胆固醇（如果你经常吃很多油炸薯片和多纳圈，你就会有这种东西，它会使动脉变狭窄，血液就很难从这里通过，人就会患心脏病）。纳米机器人还可以进入人体检查人们的血液中的胆固醇水平或血糖的含量。不过，这些机器人在进入人体以前，必须包上一层人体不会对其产生反应的物质，如金刚石膜。

它们进入人体后，会用超声波在相互之间或与人进行通信联络。

149

机器人王国

机器联盟每月新闻自动更新

臭氧层空洞被堵住了

在一群纳米机器人经过20年的艰苦劳动后，人类在20世纪造成的臭氧层空洞终于被填上了。数万亿个纳米机器人协同作战，它们在自己的身体表面涂上化学物质，用空气中的氧制造出更多的臭氧。微型机器人的领导在评论它们的成功时，细声细气地说道："我们干任何事情都没问题。"

考考你的缩略语辨别能力

　　不管你是想当一个机器人科学家，还是仅仅想对机器人作一般的了解，你都必须了解一下这一章所讲的内容。

　　请你判断以下的快速测验中的缩略语都代表什么意思。要是你没能答对多少，那也没什么关系，多看几次记住它们就行了，以后没准儿用得着。

1. AERCAM

　　（a）机器人电子制造和维修

　　（b）自主式舱外活动机器人照相机

　　（c）自动返回和通信宇航任务

2. AI

　　（a）关节式机器昆虫

　　（b）人工智能

　　（c）机器人保险

3. AUV

　　（a）自主式水下运载装置

　　（b）音盲理解的发音

　　（c）反尤尼麦特决定

4. CURV

　　（a）自动控制水下机器船

　　（b）校准的通用雷达监视系统

　　（c）有缆海底修复车

5. GPS

（a）全球定位系统

（b）地球物理扫描仪

（c）多功能软件

6. HAE UAV

（a）整体自动环境水下机器人确认

（b）自动视觉控制下的危险和紧急状态

（c）高空长耐力无人航空器

7. MAV

（a）微型空中飞行器

（b）机器协助的说话方式

（c）适应机器的声音

8. MFI

（a）海军流动车

（b）机械朋友公司

（c）微型机械飞虫

9. MPRS

（a）便携式机器人系统

（b）微波质子辐射扫描仪

（c）微型机器人可编程回收系统

10. MSSMP

（a）机选空间任务概貌

（b）多功能安全和监视任务平台

（c）气象观察和风暴模拟程序

11. PUMA

（a）精密水下机械式机器人

（b）可编程超声波制造机器人

（c）可编程通用装配机

12. ROV

（a）随意组合版本

（b）遥控车

（c）机器人组织的变异体

13. RMS

（a）遥控机械手系统

（b）机器人任务说明

（c）随机存储器搜索

14. SCARA

（a）选择性柔顺装配机械手

（b）扫描和回收机器人

（c）科学研究机器人

15. STM

（a）感觉转换机器

（b）压拉式机构

（c）扫描隧道显微镜

答案

1. b)

2. b)

3. a)

4. c)

5. a)

6. c)

7. a)

8. c)

9. a)

10. b)

11. c)

12. b)

13. a)

14. a)

15. c)

看看你做得怎么样

3个以下正确　　还要多学习一些有关课程

4—7个正确　　可能还缺少几根敏锐的"触须"

8—11个正确　　只是马失前蹄，很有潜质

12—15个正确　太有天赋了，简直可以操作机器人了

如果你答对了3个以上，那么你就可以阅读下一章了，但是你必须要做好充分的心理准备来迎接机器人发出的挑战。

机器人真会寻衅滋事吗？

我们在这本书中所谈到的机器人都不是那种喜欢寻衅滋事的家伙——仅有的几个杀死过人的机器人都是听从了指令才这样做的，不是那种没事找事的家伙。杀人的"动机"要么是缺油，要么是用真空吸尘器打扫时感到恶心等。总之，都是有原因的。

但是机器人是不是真的很危险呢？

目前，机器人还都没有自己的思想，所以不可能去"蓄意"杀人。工业机器人大都是在电源处于接通状况的情况下，意外地杀死了那些力图修复它们的维修人员。早在1932年，在芝加哥世界博览会上，人们认为一个机器人用铁棍杀死了它的制造者，警察最后认定是因为有人给机器人编写了杀人程序，但是人们并未找到这个真凶。

虽然到目前为止这种机器人杀人的场面还不多见，但是把机器人当作杀人武器的例子却是越来越多了，因为越来越多的遥控机器人可以让真凶躲在幕后。那些聪明绝顶的黑客们能够轻易地侵入银行或政府网站窃取最高机密，对他们来说盗取机器人的密码也不是什么难事。这样一来他们就有可能重新给机器人输入指令，让机器人按照他们的意愿行事，即使在几千千米之外的地方他们仍然可以轻而易举地做到这一点。可是人们要想追踪这些黑客就没那么容易了，所以利用遥控机器人进行犯罪将成为一种主要的犯罪形式。

可是你知道吗？有时即使没有人给机器人下达杀人指令，它也可能会置人于死地，这是因为：

▶ 虽然机器人在很多方面都做得相当出色，但它们在有些事上也有点傻，比如说，它们肯定不知道自己可能会伤害无意中挡了它们路的人。

▶ 它们很有力量，通常比人要强壮得多。

▶ 它们的肢体的运动确实非常快。

▶ 它们的反应很快，会很突然地动起来，以至于令它周围的人措手不及。而人在对某件事有所反应时，通常会先有个过程，比如：将报纸叠起来放好，把茶杯放下来，然后再抱怨几句，这才开始行动。

在工厂里，必须采取一些措施来防止机器人制造危险：机器人一般都被安置在围栏里，配有传感器好让它探测到人的存在并装上报警灯和汽笛，周身都布满了"停止"键（不过对于那些身手特别敏捷的机器人，这些措施还不够，这些家伙能够在你说"天啊！太可怕了"之前，就把你的脑袋"嗖"的一下割下来★）。

那些需要与机器人一起工作的人都必须经过培训，学会如何

★ 如果你曾经看过1951年出品的一部经典电影《地球停转之日》，你就可能知道要想让机器人停止活动你就必须念个咒语："Klaatu: borada，Nikto."

对付它们：当它们工作时不要接近它们，要牢牢锁住它们的围栏门，在危险出现的第一时间按下最近的"停止"键。

但是出了工厂的大门，以上这几条就都变得毫无用处了。

反叛的机器人

一些人认为，机器人很快就会给人类带来更多危险。他们说，人类之所以能够控制地球，是因为他们是世界上最聪明的。 可是机器人智力的发展比人类智力的发展快得多——机器人的大脑在过去的50年时间里比人类的大脑在过去的5000万年的时间里发展得还快（一些机器人研究专家还估计，机器人的智能发展速度比人类的智能发展速度快1000万倍）。所以，很快就会有那么一天（也许就在你的有生之年），机器人就会发展得比人类还要聪明，因此机器人将会取代人类成为世界上最聪明的"主宰"，如果真是这样，它们自然而然地就会统治这个世界了。如果机器人能够非常自如地互相交流，即使是单个智能机器人也可以统治地球，它只需要取代人类去控制它的那些笨同伴，要求它们发动暴乱，这些笨机器人就会无条件地服从那个智能机器人了。现在，机器人和电脑可以互相设计互相制造，也就是电脑可以设计制造机器人，机器人也可以设计制造电脑，这样它们很快就会控制整个机器人制造厂，那些千奇百怪的机器人就会疯狂地"繁殖"，到那时候，人们还不知道是怎么回事就已经被机器人给打垮了。

"未来机器人极具危险性"这一观念已经以科幻小说的方式得到了体现。很多机器人研究专家，如凯文·沃威克， 都认为这件事情相当严重。 当然， 也有很多人持反对意见。 于是两派针锋相对， 争论得不可开交。 下面是一些主要的争论，你看完以后也许会形成自己的观点。

157

机器人永远也不可能比设计它们的人类更聪明。

既然是这样，为什么"深蓝"可以打败那个著名的象棋大师呢？

我们可以制止机器人智能的进一步发展嘛。

但是如果我们不让机器人有更多的智能，那么它们能做的事就不会比现在更多。而如果让机器人更有用，我们就可以挣出更多钱哪。

机器人永远不会像人类那样思考，虽然有时候它们的行为显得很机灵。

机器人是不是在思考，我们又怎么可能清楚地知道呢？不过，对于暴乱，机器人就必须自己做出决定，自己有思想，不管最终它们是否会以人类的方式思考，至少目前它们已经在学着像人类那样思考了。

机器人永远都不会有机会去统治人类。

但是发明机器人的初衷就是让它们代替我们人类，而且没有证据表明人类可以制造一个不会做决策的安全机器人。如果两支机器人部队交火，一支自己可以指挥自己，另一支始终要人指挥，那支自己控制的军队行动起来肯定要比另一支快得多。

难道机器人不会运用自己的智能来判断一下杀死人类是非常错误的举动吗？

机器人可能会意识到它们是可以牺牲的，所以它们认为人类也一样。也许，它们已经知道人类让机器人去送死是非常错误的，所以它们要采取行动阻止人类使用机器人。

159

为什么不像阿西莫夫所说的那样，不让机器人去伤害人类呢？

如果机器人比人聪明许多，它们就会找到一种绕过人类指令的方法，假如你给一个机器人发出"别伤害人类"的指令，它可能就会认为，虽然自己不能伤害人类，但是可以命令别的机器人去伤害人类。也许它还会不伤害人而直接杀死人，或者说它还可能认为它可以伤害某一个人，而不是伤害全人类。

好好好，既然这样，那咱们就干脆把机器人都给关掉得了！

事情也不是你想得这么简单，不是关掉了机器人就能阻止它们伤害人类的。因为一个智能机器人总是可以找到保护自己的方法的，它们并不总是依赖电来供给自己能量的，就像我们已经看到的那样，它们可以靠吃鼻涕虫来生活——当然，酒精也是它们一种很好的能源。我们必须确保机器人只做那些我们要求它们做的事情。有一个"袖手旁观"*的故事，在这个故事里，生活成了噩梦，因为不让机器人做任何伤害人类的事，反过来，机器人也不允许人类做任何事情即使是在受到伤害的时候，所以人类只能成天无所事事，只有把手抄在袖子里。

○真是疯了！

★ 杰克·威廉森著。

未来的机器人

我们先不管机器人是否具有危险性，现在只说未来的机器人会是一个什么样子。目前，机器人的身体只能让它做一定范围内的事情，科学家们正在研制能够改变形状的机器人，好让它们可以做更多的事情。这种可变形的机器人在太空中或是在搜救人员时非常有用，因为那里的环境很难预测，如果一个机器人完不成任务再派一个机器人过去会很困难，或是需要花很长的时间，因此让一个机器人身兼数职是最好不过的了。

小知识：变形器

1. 按照反复实验法的程序，机器人由此可以学会很多东西。运用同样的方法，变形器也可以试着变成各种不同的物理形态，以适应不同的工作。它们可以利用三维打印机喷快凝塑料做出它们的新零件以形成一种新的形状。用这种机器人做的第一个实验是由人向机器人发出指令，如"学会移动"，一组机器人尝试着用各种办法来执行指令，如单腿跳行，或者像蛆虫那样蠕动，或像螃蟹一样横行。

2. 有一种模块式或组件式机器人，是由许多模块组合而成的，如乐高公司的乐高机器人。这种机器人的一个用途就是把自己嵌在危险地区的墙上，如受到破坏的核反应堆。如果机器人的一个模块受到损害，它可以用更多的模块来更换受损的模块；它还可以把自己拆分开来，好通过一个比较小的入口，通过后再自行组装在一起。

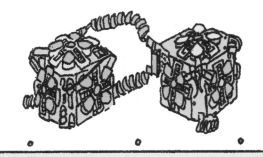

思想控制

人类用自己的思维有可能控制住未来机器人。思考可以产生电子脉冲，为什么不能用这些脉冲发射无线信号来控制机器人呢？人们已经用一个老鼠做到了这一点，它学会了用"脑能量"来控制滴水管，2000年，用猴子也成功地做到了这一点。将猴子的"思维"链接到一个机器人手臂上，猴子只要一动它的手臂，机器手臂也跟着移动——即使两者相距90千米之遥。 2001年，在伦敦演示了"思想开关"，当人闭上眼睛时就能把灯打开，因为当人闭上眼睛时，脑电波就会发生一些变化。一种叫作脑电图仪的特殊设备通过安在头皮上的很灵敏的探测器，可以捕捉到人的脑电波，计算机马上对脑电波的形状进行分析，当人闭上眼睛时，脑电波会形成一种特定的形状，这时计算机就会给灯发出一个指令，灯就打开了。

机器人的明天

机器人科学家总是喜欢预测机器人的未来（而不是喜欢制造机器人）， 大多数人都认为机器人发展的关键在于人工智能：一旦机器人的大脑聪明到可以做某种工作了， 那么制造出适应此项工作的机器人身体也就不是一件难事了。 所以， 一些从事人工智能研究的科学家认为，未来的机器人可能有点像这个样子……

21世纪第一个10年 机器人的智力可能跟乌龟差不多——它们能够在相应的环境中（如农场、花园或海滩）自己养活自己，自己照顾自己。它们可以逃避一些明显的危险如火灾，但却不能对付程序中没有储存的危险（如车祸）。它们的手已经可以拿起一些精致小巧的东西，但在做一些特别细的活儿，如穿针引线时，却还是显得有些笨拙。

它们可以用人工语音跟人进行交流；识别单词，但

这是莴笋叶！

是还不能够与人聊天。它们能够从事一些简单的维护和清扫工作，但是如果没有人的帮助，就不能持久地做事。

21世纪20年代　机器人的智力可以达到老鼠的水平，这时它们可以在很多环境中生存，包括一些想去的场所（如沙滩机器人可以用于超市）。它们可以很快地学会干活儿，但还是需要人的一点帮助。它们可以在花园中找到植物并把它们移植走，但是主人还必须花些时间教会它们懂得其他植物与杂草的区别。它们可以同人进行简单的对话，不需要人在场就可以独自完成工作。虽然它们会经常向人求助，但人已经不需要总是盯着它们了。

21世纪30年代　机器人的智力可以达到猴子的水平，能够在任何环境中生存和工作，包括一些危险环境如沼泽和建筑工地。它们很少需要人的帮忙，能够用自

己的方式解决问题。所以，当人们要求它们"清理桌面，把蜡烛留下"时，它们就会通过在线图书馆了解到蜡烛是个什么样子，而不需要人来告诉它。到那个时候，由于机器人高度智能化，已经可以灵活地运用自己的手，因此可以做很多在以前只是人类才能做的事，而且它们的手会比人的手强壮得多。虽然它们仍然无法跟人聊天，但已经能够听懂复杂的语言指令了。

21世纪40年代 人类想让机器人做什么都可以，因为它们的智力跟人差不多了，具有推理的能力。在某些方面跟人一样棒，甚至有些方面比人做得还要好。这也就是说，到了50年代，它们就会……算了，先不告诉你，还是让你自己等着看吧……

机器人是我们吗？

即使人们想方设法地去控制机器人，但也还是有些问题需要解决：

▶ 当机器人非常高级时，它们会变得跟人类十分相似，但它们仍然是人类的苦力，虽然已经极具智能，但还是被迫无条件地去做一些让人厌烦的工作。到那个时候，人类将会有机器人朋友，就像现在的人拥有机器宠物一样。那么，让人类的朋友做苦力，人类还会忍心吗？

▶ 机器人与人类十分相似时，它们会不会提出一些要求呢？那个时候你该如何回答它们呢？我们之所以比动物拥有更多的权利，是因为我们比动物更高级，可是机器人现在跟我们差不多了，我们还有权利支配它们吗？

▶ 如果机器人的智力超过了人类，又会是什么样的呢？就像我们比动物的权利更多一样，它们会向人类争取更多的权利吗？如果真是这样，会发生什么事呢？

▶ 当机器人变得像人一样时，人和机器人的差别就会缩小。当出现这种情况时，人类很可能会变得像机器人了，如心脏不好就会植入一个人造心脏，骨头不好就会换上人造骨头，耳朵和牙齿坏了就会使用人造耳朵和人造牙齿。

　　目前，我们已经习惯使用一些简单的植入物，如起搏器、断骨中的钢钉及假牙等，将来还可能使用更高级的人工植入物。例如，会不会用塑料增强肌肉力量呢？会不会使用一些东西来清洗血液和供应血液呢？或是在大脑中植入一些东西来增强我们的记忆力、提高数学运算能力、更好地控制我们的情感呢？如果这样发展下去，人类的大脑就会计算机化，身体就会机器人化，那时候的人类会不会变成了机器人呢？

　　未来的世界必将是机器人的世界，而未来的机器人可能指的就是我们这些人哦！

更新你的知识

我们生活在一个机器人大发展的时代，它们正以前所未有的速度"进化"着，在未来的几年中，我们将会接触到更多的机器人。下面这些网站会告诉你机器人发展的最新进展。

▶ 特酷机器人网站：

http://ranier.hq.nasa.gov/telerobotics_page/coolrobots.html

▶ 里丁大学电子人研究网站：

http://www.cyber.rdg.ac.uk

▶ 机 器 人：

http://www.androidworld.com

▶ 人形机器人：

http://www.ai.mit.edu/projects/humanoid–robotics–group

▶ 与一种叫作伊丽莎的计算机程序对话可以上这个网站：

http://www.manifestation.com/neurotoys/eliza.php3

▶ 其他"闲聊机器人"网站：

http://www.alicebot.org

http://maybot.com

▶ 另一个机器人网站：

http://www.bbc.co.uk/science/robots

▶ 关于科格的网站：

http://caes.mit.edu/mvp/html/cog.html

▶ 英国机器人战争网站：

http://www.tectonic.force9.co.uk；www.robotwars.co.uk

▶ 美国机器人战争网站：

http://www.battlebots.com；www.robotmayhem.com

几年以前，如果你想亲自造一个机器人，要花很多钱，如今只需要花极少的钱就可以制造特别棒的机器人，下面的这些书就可以教你制造机器人，按照难易顺序排列，第一本当然是介绍最容易的设计方法，最后一本就是最难的了。

▶ 《如何制造机器人》，克里弗·吉福特著，牛津大学出版社，2000年（这本书实际上并不告诉你如何制作机器人，但它也讲了几个机器人学的简单实验）

▶ 《机器人制造者的幸运》，戈登·麦肯著，麦格罗希尔公司出版，2000年

▶ 《机器人、人形自动机和动物形机器人：你能做的12个惊人的项目》，约翰·爱温著，麦格罗希尔公司出版，2001年（第2版）

▶ 《制造你自己的战斗机器人》，皮特·麦尔斯和汤姆·卡洛尔著，奥斯本公司出版，2002年

▶ 《移动式机器人》，乔·琼斯和安蒂塔·弗莱恩著，1999年

▶ 《制造你自己的机器人》，卡尔·兰特著，AK皮特思公司出版，2000年